THE NEGATIVE THOUGHTS WORKBOOK

反刍思维

克服导致焦虑和抑郁的
反复担忧、羞耻和思维反刍的CBT技巧

[加] 戴维·A. 克拉克（David A. Clark） 著

CBT Skills to Overcome
the Repetitive Worry, Shame, and
Rumination That Drive Anxiety and Depression

中国青年出版社

图书在版编目(CIP)数据

反刍思维：克服导致焦虑和抑郁的反复担忧、羞耻和思维反刍的CBT技巧 /（加）戴维·A.克拉克著，彭相珍译. —北京：中国青年出版社，2024.3
书名原文：THE NEGATIVE THOUGHTS WORKBOOK: CBT SKILLS TO OVERCOME THE REPETITIVE WORRY, SHAME, AND RUMINATION THAT DRIVE ANXIETY AND DEPRESSION
ISBN 978-7-5153-7224-2

Ⅰ.①反… Ⅱ.①戴… ②彭… Ⅲ.①焦虑–心理调节–通俗读物 ②抑郁–心理调节–通俗读物 Ⅳ.①B842.6-49

中国国家版本馆CIP数据核字（2024）第010400号

THE NEGATIVE THOUGHTS WORKBOOK: CBT SKILLS TO OVERCOME THE REPETITIVE WORRY, SHAME, AND RUMINATION THAT DRIVE ANXIETY AND DEPRESSION by DAVID A. CLARK, PHD, FOREWORD BY ROBERT L. LEAHY, PHD
Copyright: © 2020 BY DAVID A. CLARK
This edition arranged with NEW HARBINGER PUBLICATIONS
through BIG APPLE AGENCY, LABUAN, MALAYSIA.
Simplified Chinese edition copyright © 2024 China Youth Book, Inc. (an imprint of China Youth Press)
All rights reserved.

反刍思维：
克服导致焦虑和抑郁的反复担忧、羞耻和思维反刍的CBT技巧

作　　者：	[加]戴维·A.克拉克
译　　者：	彭相珍
策划编辑：	刘　吉
责任编辑：	刘　吉
美术编辑：	张　艳
出　　版：	中国青年出版社
发　　行：	北京中青文文化传媒有限公司
电　　话：	010-65511272 / 65516873
公司网址：	www.cyb.com.cn
购书网址：	zqwts.tmall.com
印　　刷：	大厂回族自治县益利印刷有限公司
版　　次：	2024年3月第1版
印　　次：	2024年8月第2次印刷
开　　本：	880mm×1230mm　1/32
字　　数：	150千字
印　　张：	7.5
京权图字：	01-2023-3828
书　　号：	ISBN 978-7-5153-7224-2
定　　价：	49.90元

版权声明

未经出版人事先书面许可，对本出版物的任何部分不得以任何方式或途径复制或传播，包括但不限于复印、录制、录音，或通过任何数据库、在线信息、数字化产品或可检索的系统。

中青版图书，版权所有，盗版必究

目 录

序 言 …………………………………………… 005

前 言 …………………………………………… 009

第一章 了解反刍思维 …………………………… 015

第二章 管理精神控制悖论 ……………………… 037

第三章 摆脱习惯性忧虑 ………………………… 057

第四章 打断反刍怪圈 …………………………… 093

第五章 战胜悔恨情绪 …………………………… 123

第六章 直面羞耻感 ……………………………… 151

第七章 克服羞辱感 ……………………………… 181

第八章 走出愤恨情绪 …………………………… 207

结 语 …………………………………………… 235

致 谢 …………………………………………… 237

序 言

你的思想是否已经被反刍思维劫持？

也许你总是在担忧事情会崩溃，担心你无法完成工作，害怕老板会对你生气，或者害怕乘坐的飞机会坠毁。你可能会发现因为担心自己会失眠而真正地失眠了，然后又因为失眠而担忧自己第二天没办法按时起床去上班。又或者，你的反刍思维集中在过去犯下的错误、遭遇的不幸、做出的糟糕选择或错失良机的遗憾上，不管你现在的人生多么顺风顺水，它们似乎阴魂不散地跟着你。你被过去所束缚，这些对过去的反刍潜入你不安的心灵，剥夺了你享受当下的能力。但你无须再担心了，因为这本书将帮助你放下所有困扰你的负面思想，让你能够专注于现实世界，实时解决实际问题。

戴维·A.克拉克博士是一位杰出的认知行为心理学家，他对焦虑症和抑郁症的研究，达到了世界一流水平。他同时也是一位有天赋的临床医生，能够以一种通俗易懂和有理有据的方式，为普通大众提供心理学领域的专业见解。这本书正是我们大家所需要的，它将教会我们以正确的方式，妥善地应对和处理负面的情绪和想法。在阅读这本优秀的著作时，我发现特别令人鼓舞的是，克拉克博士整合了广泛的认知行为治疗方法，为我们提供了最好的工具，来应对那些恼人的、侵入性的反刍思维。

相信所有人都体会过被消极想法占据脑海的感觉，因为它们会令我们感觉失控，又或者我们认为负面的情绪都应该被消灭。我们或许会觉得要"回应"它们，将它们"化敌为友"，或立刻"结束"它们，我们没办法对其坐视不理，不管不顾。但我们越是努力想要摆脱头脑中的"噪声"，它们的存在就反而越明显，最终劫持了我们的思想。阅读本书的内容，你将会了解到，你越是努力压制头脑中不想要的想法，它们就越是在你的脑海中凸显，营造强势的危机感和紧迫感。好消息是，对所有的读者而言，克拉克博士提供了一种不同的方法，他将引领我们走上应对反刍思维的一条新道路。

反刍思维的本质是：人们倾向于认为自己无法接受不确定性，我们总是想要确定和控制所有，并且习惯性地想要聚焦于威胁。当问题真正出现时，我们还往往低估了自身解决实际问题的能力。克拉克博士撰写的这本书，回顾了这些侵入性想法和假设背后的科学，并通过循序渐进的分步骤练习，指导我们逐步改变自身有问题的信念，避免助长自身担忧和反刍的气焰。克拉克博士帮助我们认识到，确定性是一种幻觉，我们不能控制某些东西，并不意味世界的崩塌，而且我们生活中存在的安全性远远高于其威胁性。我们对威胁的过度感知，仅存在于我们的想象中，而不是在现实世界中发生。此外，我们只能够解决真正存在的问题，没办法解决想象中的、虚幻的问题。如果你十分认同前面描述的观点，并已经发现，紧张、焦虑等情绪严重影响了你的睡眠或日常生活，那么这本书就是为你准备的。作为全球知名的心理学家，克拉克博士几十年来一直致力于解决焦虑问题，他在这本简单实用、通俗易懂的练习册中，为诸位提供了他积累多年的知识、智慧和宝贵建议。你可以把这本书看作是一个世界级的私人教练，它出现在你面前,通过给你提供最好的工具,而不是用一种高高在上的命令姿态,帮助你温和而有力地、更好地控制自身的思想。

请认真地听取每一章的建议,阅读基于最先进的忧虑和反刍科学研究的原理,并遵循每个章节提供的练习。你可能会惊讶地发现,完成本书各个章节设计的诸多练习后,你的反刍思维就会变成街上的背景噪声,即使存在,也不会再对你产生过度的影响。与其追逐彻底消灭负面思维的虚幻想法,你可能会心满意足地发现,它们对你的不利影响已经悄悄地消弭于无形,然后你可能会突然间发现,你已经过上了梦寐以求的生活。

罗伯特·L.莱希 博士
美国认知疗法研究所主任

前　言

关于如何实现情感的愈合，找回完整的自我，无数的专家给出了数不清的建议和意见，其种类之多、范围之广，往往令人感到不知所措和困惑。市面上有无数唾手可得的心理自助资源，但这本练习册吸引了你的目光，是有原因的。或许你已经深陷焦虑、抑郁、内疚或愤怒等负面情绪之中很长时间了。你下定决心想要变好，但是到目前为止还没有任何起色，你已经做好了采取不同方法的准备。你已经明显地意识到，这些情绪的困扰，是由过去发生在你身上的糟糕事情触发，但你似乎一直无法走出来。又或者，你一直专注于未来可能发生问题的可能性，根本无法控制这种杞人忧天一般的忧虑。在你寻求情感愈合的过程中，你已经意识到想要找到解决之法，你需要这样做：

- 改变自己的思考方式；
- 以更现实的方式应对目前的挑战；
- 放下和超越那些无法改变的过去。

你如何才能达到这个目标呢？

本书提供了一种不同的方法来克服情绪困扰。它让我们认识到，焦虑、抑郁、内疚和其他负面情绪之所以长期存在，是因为我们陷入对令人不安的个人经历的重复性消极思考。这种心态被称为反刍思维，它是本书的主要议题。当你被困在无法控制的消极思维中时，你会不由自主地感到更加苦恼。现在，人们已经认识到，反刍思维是导致个人苦恼挥之不去的一个重要原因，解决它将对情绪的恢复和幸福很重要。

任何消极的生活经历，都可以触发反刍思维，例如失去一段有价值的人际关系、学业或事业的失败、家庭矛盾和冲突、患病的坏消息、背上的债务、家庭成员的健康和安全受到威胁；等等，仅举几例。当这种情况发生时，我们会陷入损失、失败、威胁或不公平感的情绪风暴之中，无法自拔。通过改变这些形式的反刍思维，你将能够找回情绪的稳定和平衡的生活。一旦你做到了这一点，你就可以自由地处理你眼前的困境，并以更宽容和接纳的态度，面对生活中那些已经无法改变的事情。

请花时间研究你身上的反刍思维，这是治愈旅程中的重要一步。如果你具备了承认自己的情绪存在问题的人格力量，下定了变得更好的决心，并能够秉持开放的心态问"我还能做些什么来解决我的痛苦？"，那我要为你的勇气鼓掌欢呼。因为在深入学习本书提供的诸多练习和策略时，这种充满勇气的开放态度将带来极大的好处。

本书各章节内容概述

在接下来的八个章节中，你会发现反刍思维是如何造成你的长期负面情绪问题的。市面上大多数心理自助练习册都会倾向于专门论述一两种特定的情绪问题，如聚焦于抑郁或焦虑等，但本书与众不同，它旨在解决的问题，是隐藏在诸多形式的负面情绪背后的反刍思维。因此，本书的前面两个章节将详细地论述反刍思维，包括为什么它总是无法控制，以及如何评估它对你的情绪健康的不利影响等。第三章和第四章提供了克服两种强大的反刍思维形式的策略：忧虑和反刍，二者是导致持续的焦虑和抑郁的最常见原因。然后，本书涉及其他自助资源很少探讨的领域，包括负面情绪，如悔恨、羞耻、羞辱和愤恨等，分别在第五章至第八章中详细论述。本书的每一章都涉及一种不同的情绪状态，通过阅读各个章节的内容，你将了解到这些情绪是不是造成你痛苦的原因，以及如何评估反刍思维在每种情绪中发挥的作用。每个章节都将提供具体的策略和练习，帮助你通过处理对造成困扰的、过去的经历的重复思考，来解决由此而产生的负面情绪。

无论你的情绪问题的成因，是多年前的负面经历，还是最近发生的令人不安的事件，对反刍思维的处理，是摆脱情绪困扰、恢复心理健康的关键步骤。你将在本书中获得的帮助和建议，都是基于多年的心理学研究的成果。这些研究表明，改变思维方式，是通往情感健康和人生幸福的重要途径。

这本书是否适用于你？

情绪困扰可以有多种形式，它们可能有着不同的影响强度，对日常生活的干扰程度可能不同，但有一点始终是共同的：反刍思维带来的情绪衰减效果。如果你曾因为过去发生的事情感到心痛，或长期地担忧未来的发展，你就会发现关于忧虑和反刍（第三章和第四章）的论述尤为有用。这本书的评估工具和策略均以研究成果为依据，覆盖了大多数常见的情绪问题，甚至包括那些可能需要专业诊断和用药物治疗或常规心理治疗的情绪问题。无论你遭遇的情绪或心理问题有多严重，你都会发现这本书是重要的资源，能够帮助你追求更好的情绪健康。

本书是供存在焦虑、抑郁、内疚或愤怒情绪的人独立使用的自助资源。你翻开这本书时，可能会发现它提供的诸多策略在心理治疗或咨询课程中使用时更有效。本书第一章提供的信息和评估工具，将帮助你决定自己是否应该和治疗师一起使用这本书。

如何最充分地利用本书？

第一章和第二章是必读内容，因为它们为练习册的其他章节内容提供了基础材料。如果你跳过了与你的情绪问题最相关的章节，这本书提供的策略可能效果要打折扣。同样，大多数人都会发现第三章和第四章论述的主题与个人遭遇的问题有关，因为忧虑和反刍会存在于大多数形式的情绪困扰中。至于第五章到第八章的内容，你可以更有选择性地阅读，因为它们分别侧重论述了特定类型的情绪困扰。

与大多数心理自助书一样，如果你花时间完成每一章的练习，就能从阅读本书中得到更多好处。你可能会发现一些练习和工作表比其他的更有用，所以你要在日常的反刍思维的克服练习中，集中精力完成这些练习。有些练习包含了多个步骤的操作，这意味着它们比简单的策略需要更多时间和练习。你可能需要复印一些工作表，或者可以把你的回答写在工作簿上，这样你就有一个永久的记录。

这本书还提供了"客户案例"的真实故事，有时还会提供客户已经完成的工作表以供参考。这些都是根据作者以临床心理学家、研究人员和教育工作者的身份，基于三十年来用认知行为疗法（CBT）治疗过的客户的经验而虚构的人物。

通过阅读这本书，你已经迈出了重要的一步，为实现心理健康采取了不同的治疗方法。这已经体现了你对改变的渴望和对新知识的开放态度。这些都是很好的品质,能够帮助你从心理自助的尝试中获得更多好处。我需要赞美你表现出的主动性和自我决定性,并希望你会发现,在这本书中投入的时间和精力对你个人有很大的好处。因此,让我们一起开启这段自助之旅吧,一起学习和研究如何通过解决导致情绪问题的一个重要成因——反刍思维——最终克服个人遭遇的情绪困境。

第一章

了解反刍思维

第一章 了解反刍思维

诱发情绪障碍的因素，往往是令人不安或高度紧张的生活经历，这些经历的影响严重且持久，以至于我们可能要承受长达数月的精神痛苦与折磨。在漫长的煎熬中，我们的大脑往往会一遍又一遍地重复同样的思维，无法停止对负面经历的反刍：为什么糟糕的事情会发生？它给我们带来什么影响？或我们的生活是否因此而彻底改变？我们或许会陷入负面情绪的无尽循环之中无法自拔，徒劳地想要停止思考糟糕的经历，因为发生过的事情而自责，或不知道在这些可怕的事情发生之后，该如何继续生活下去。

人生不可能总是一帆风顺，人们可能经历数不胜数的糟糕事情，比如失去珍视的人际关系、遭受不公正的待遇、受到不公平或不诚实的对待、遭遇事业滑铁卢、恶疾缠身、背上债务、犯下严重的错误或行为不当等，这些都是我们在生活中可能遭遇的一些糟心事儿。当坏事儿找上好人时，就为反刍思维的出现埋下了伏笔。每当坏事发生，我们满脑子想的都是它到底是怎么回事儿，为什么会发生，可能导致什么后果，以及它对我们自己或未来可能有什么不利的影响。一旦我们开始陷入这些情绪，反刍思维就会成为加剧情感痛苦和折磨的燃料。

因此，在本章中，你将了解反刍思维是什么，以及它对负面情绪的影响。你将学会判断，自己的消极思维是否已经过度重复且无法控制。本章先解释了反刍思维的成因及后果，然后提供循序渐进的操作步骤和评估表格，帮助你确定诱发消极情绪的原因及其对情绪的影响。此外，本章还提供了诸多指南和建议，帮助你确定是否需要，以及何时接受专业的心理治疗。下面，让我们从朗达的故事开始，她一直备受忧虑情绪的困扰。忧虑，是一种最常见的反刍思维。

● **朗达的故事：挥之不去的忧虑**

从小，朗达就是个容易紧张、容易忧虑的孩子。如今，她是一位年近四十岁的职场妈妈。人到中年，生活中和工作上都有操不完的心：在生活中，每次看到自己十几岁的儿子沉迷电子游戏，而不是写家庭作业，她开始担心儿子缺乏足够的进取心和事业心。丈夫特瑞不仅体重超标，还患有高血压。每当他出现呼吸急促的情况，或抱怨身体不舒服，朗达就会担心他的心脏病会发作。在工作上，她的经理冷漠、挑剔、苛刻，因此她一直很担心自己的工作表现难以令对方满意，即使是日常生活中一些微不足道的坏消息，比如预报天气不好，也会让朗达担心自己第二天上班会迟到。任何不确定的东西，都可能触发朗达的忧虑情绪。每当她开始担心，焦虑的浪潮就会汹涌袭来。而如果朗达担心的问题特别重要，这种焦虑情绪有时会持续数个小时。每当她陷入无休止的焦虑情绪，朗达总是情不自禁地脑补未来可能发生什么灾难性的事件，一股充满了无数"万一……"的焦虑情绪，让她因为生活和工作上的不确定性而手足无措、动弹不得。但这种无法阻挡的思绪，永远不会带来解决方案或新的理解。对于数百万像朗达一样遭受忧虑情绪困扰的人群而言，忧虑是一个挥之不去的"心理陷阱"，他们越是与之抗争，忧虑的程度就越是严重。

反刍思维是什么

人类的大脑无时无刻不在思考，因为人类的生死存亡取决于我们对历史的回顾、对当下的理解，以及对未来的预测。人类是善于规划、解决问题和逻辑思考的动物，我们所思所想的一切，都是为了更好地了解自身、环境和他人。人类的大脑天生就会产生各种想法，从无关紧要的怪谈，到对个人意义重大的考量。我们总是倾向于更深入地思考对自己而言最重要的事情，而那些与我们个人福祉关系不大的想法，则会被轻易地抛之脑后。如果人类大脑可以完美地运作，这就是我们可以实现的理想状态，但大多数时候，人的心智并不完美，思绪可能失控，并给人造成巨大的痛苦，反刍思维就是一个典型的例子。

反刍思维的身影，存在于焦虑、抑郁、后悔、羞耻、耻辱、愤恨等情绪中。在上文朗达的故事中，她的忧虑中明显体现出严重的反刍思维。在对未实现的目标的反刍中，反刍思维的身影也清晰可见，比如：我为什么会饱受抑郁症的困扰？我到底哪里出了问题？为什么我不能成功？或者为什么我在生活中失去了这么多？在内疚情绪中，反刍思维也很常见，比如：我多希望自己对孩子的要求没有那么严格；我多希望自己没有从大学退学，或我本应该在退休前存更多钱。此外，过去发生的一些令人感到羞耻或尴尬的事情，也可能触发反刍思维，比如反复地想起自己在一次重要的会议上遭到点名批评；不停地回想因为过于焦虑而搞砸的一次演讲；又或者因为试图向配偶隐瞒的一些尴尬行为，但在被发现后，并遭到其当面指责，而导致的焦虑不安。在其他时候，反刍思维可能表现为悔恨的情绪，比如回想起自己遭到了好友不公平的指责，又或者自己的辛勤工作成果被领导视为理所当然，又或者因为某些行为或决定，而受到不公正的惩罚等。

你能从前面的例子中，体会到反刍思维的存在吗？又或者你觉得反刍思维与你感受到的痛苦情绪无关？在回答这个问题之前，我们需要更好地理解什么是反刍思维。让我们从它的定义开始：反刍思维，是一种被动的、以自我为中心的、难以控制的重复性消极想法。实际上，任何不愉快的生活经历，都可能引发重复的、难以控制的消极想法。要判断自己是否正在遭受反刍思维的折磨，请以下面这些主要特征为判断依据：

- **重复**。反刍思维是一种难以改变的思维形式，哪怕你竭尽全力想要积极地思考，它还是会反复出现在你的脑海。反刍思维经常会在同样的消极主题上打转，通常是与自身或某一次糟糕经历相关。在上文中，朗达经常担忧自己会不会失业，因此她总是怀疑自己的工作效率太低或汇报的质量不高。这就是典型的反刍思维。

- **消极**。尽管所有的想法都具备重复的可能性，但消极的想法尤其强烈，因为它们往往威胁到我们自身的福祉。此外，当我们感到痛苦时，也更倾向于相信自己的消极想法。在上文的故事中，朗达之所以会产生各种忧虑，不是因为她在畅想未来可能发生的好事，而是控制不住地去想未来可能会发生什么坏事，以及它们可能导致的、不可挽回的灾难性后果。

- **侵入性**。反刍思维，就像隐藏在夜幕里的小偷，一个想法、一个画面或一段记忆可能会突然出现在你的脑海中，然后在你意识到之前，你就已经陷入反刍思维的陷阱。举个例子，朗达可能正专心地工作，但脑海中可能突然涌现儿子没有在学校好好学习的想法，这可能会引发一个恶性循环，她可能因为担心儿子的未来且缺乏雄心壮志而难以集中精力工作。

- **不可动摇**。负面思维一旦出现就很难消除，在反刍思维中，消极思维会变得非常"坚不可摧"，导致你很难将注意力转移到积极思维上，这就会导致我们的思维方式朝着消极思维倾斜，或积极思维难以抗衡消极思维的严重后果。举个例子，一旦朗达开始担心儿子缺乏进取心，就会形成思维定式，就不太可能对儿子有更积极的想法。这种无法摆脱消极想法的情况，在抑郁症中表现得尤为明显。

- **无法控制**。一旦陷入反刍思维的陷阱，你会觉得自己丧失了理智。哪怕你努力想要转移思维，或变得更积极，也会很快发现自己又回到了消极思维的老套路中。以朗达为例，在担心家里会入不敷出时，她一直对自己说："一切都会好起来的，所有的问题都会得到解决。"但这些自我安慰的话语好像没有起到任何作用，她的脑海中总是会浮现出青黄不接、债务缠身等灾难性的后果，哪怕她知道这些想法不合理。有时候，她的忧虑如此严重，以至于她怀疑自己丧失了理智和自控能力。

- **抽象**。当我们陷入反刍思维时，往往会以抽象的方式进行思考，这就意味着以一种笼统的、虚构的、与现实脱节的方式，来看待自己或思考负面的经历。关于儿子的未来，朗达掉入了反刍思维的陷阱，但这些令人忧虑的想法也只是模糊地集中在：如何责备自己是个糟糕的母亲，或想象儿子长大之后会成为一个"失败的成年人"上，她从未有过非常具体的想法，比如她到底做错了什么，才导致了儿子青春期的叛逆，又或者"失败的成年人"到底意味着什么。
- **被动**。反刍思维是一种非常被动的思维方式，这意味着我们往往在不经意间、不费吹灰之力地就掉入其陷阱。比如说，朗达从来不需要刻意提醒自己去担心一下儿子的学习成绩。相反地，这种忧虑往往是突如其来的，然后萦绕脑海里，数个小时都无法扭转。朗达或许可以告诉自己要专注于其他事情，但这种担心可能会在她的脑海中萦绕很久。

图1.1总结了反刍思维的几大核心特征。现在，你已经了解了反刍思维是什么，请完成下一个练习，评估你的负面想法是否以反刍思维的形式出现。

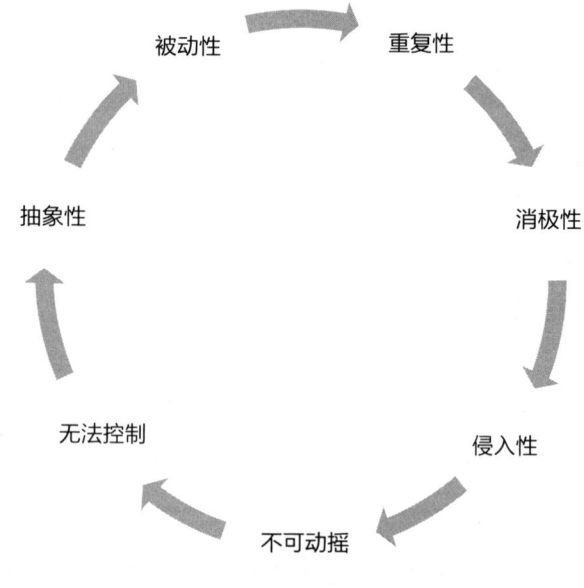

图1.1 反刍思维的基本特征

练习：识别消极体验和想法

步骤1：列出你经常回想的三段消极的人生经历。

1. _____
2. _____
3. _____

步骤2：写下与这些消极经历相关的、反复出现的消极想法。如果你存在反复出现，却与负面的生活事件无关的消极想法，也请在下面的空白处列出这些负面想法。如果你还列出了其他令你倍感压力的经历，也请写下这些经历带来的重复性消极想法。如果下面的空白空间不够，可以使用额外的纸张进行记录。

1. _____
2. _____
3. _____

步骤3：回顾图1.1中反刍思维的七个特征。你在上面空白处列出的想法，是否具备这些特征？可以使用下面的核对表，来确定每一个消极想法具备了哪些特征。

消极想法#1	消极想法#2	消极想法#3
□ 重复性	□ 重复性	□ 重复性
□ 消极性	□ 消极性	□ 消极性
□ 侵入性	□ 侵入性	□ 侵入性
□ 不可动摇	□ 不可动摇	□ 不可动摇

续表

消极想法#1	消极想法#2	消极想法#3
☐ 无法控制	☐ 无法控制	☐ 无法控制
☐ 抽象性	☐ 抽象性	☐ 抽象性
☐ 被动性	☐ 被动性	☐ 被动性

这些备感压力的生活经历给你带来的消极想法，是否符合反刍思维的基本特征？如果你的消极想法符合上表中大部分特征，那么你的消极想法就是一种反刍思维。当然，你还需要完成更多的评估才能更加确定。

前面的练习将让你对反刍思维有一个初步的了解。在完成本章其他练习后，你可能想要回头修改你在步骤2中列出的消极想法。如果完成本练习之后，你还是很难确定自己的负面想法是否属于反刍思维，下一个练习将提供一份核对表，让你对自己产生的消极想法和感受进行更全面、更深入的评估。

反刍思维评估

现在，你可能还无法确定自己的焦虑、抑郁或其他负面情绪是否属于反刍思维，又或许你太过关注困难或情绪困扰，还没有思考过自己的思维方式是如何影响感受的。不管你现在对反刍思维的理解如何，请完成下面的核查清单，对你在前面练习中列出的消极想法进行更详细的分析和评估。

练习：反刍思维核查清单

请阅读下列各项描述，如符合你在上一个练习中列出的消极想法，请在它前面打钩。

- ☐ 关于我自己或某段经历的消极想法反复出现在我的脑海中。
- ☐ 这种想法在一天中反复出现在我的脑海里。
- ☐ 一旦我开始产生这种消极的想法，就再也停不下来。
- ☐ 同样的负面想法反复出现，其主题或内容大同小异。
- ☐ 即使在我不想要去想到它的时候，我似乎不可抗拒地被负面的想法吸引。
- ☐ 我被这些负面想法困住，无法将注意力转移到其他事情上。
- ☐ 我的大脑就好像一张坏掉的唱片，总是卡在同一段负面的旋律上，无法继续前进。
- ☐ 尽管我反复地思考同一个问题，但在如何解决问题方面毫无进展。
- ☐ 我似乎没办法从一个更积极，或充满希望的角度来思考我自己或我的经历。
- ☐ 哪怕我竭尽全力，还是无法忘记过去的经历或情况。
- ☐ 我花了很多时间，消极地思考我自己或我的经历。
- ☐ 关于我自己、我的生活或我的未来反复出现的负面想法，已经令我不堪重负。
- ☐ 我常常在想，我到底出了什么问题，或者为什么我会遭遇这些悲惨的事情。
- ☐ 我的反刍思维包括很多自责和自我批判。
- ☐ 每当我对自己或自己的经历产生消极的想法时，我的情绪总是会变得更糟糕。

这个自查清单没有所谓的临界分数，但如果你勾选了十条或以上的描述，那么你产生的负面想法很可能符合反刍思维的标准。

自查清单的各项描述参考了得到公认的反刍思维测量方法的心理测量研究结果，包括反刍思维问卷、反刍反应量表等。

了解反刍思维的触发因素

反刍思维不会凭空出现，往往会由一句话、一个场景或一种侵入性（自发的）想法触发。对于朗达而言，她儿子一句轻描淡写的"厌学"，就会引发她对儿子未来的强烈忧虑，担心儿子是否会"虚度一生"。而另一个人，在想起自己拒绝了一个重要的职业机会时，又陷入新一轮的悔恨反刍思维之中。一个人经历的反刍思维越多，就越容易被更多的不同场景、提示因素或侵入性想法触发。因此，了解哪些因素会触发自己的负面想法非常重要。请利用下面的练习，提升你对自己反刍思维触发因素的认识。

练习：反刍思维触发因素记录表

回忆你思维反刍的经历，写下在你经历这些负面想法之前可能出现的任何触发因素（情景、话语、记忆或自发性的想法）。使用下面的表格记录触发反刍思维的诸多因素。

日期	触发因素： 情景、背景	触发因素： 自发性（侵入性）想法或感受	触发因素： 侵入性记忆
朗达的案例	经理在看我的报告时表情严肃。同事跟我分享自己的女儿拿到了奖学金的好消息。 在吃午饭时，一位朋友提起，自己的邻居心脏病犯了。	自发性地想起儿子上课不专心。突然想起家庭医生上一次看诊时，警告丈夫要注意心脏病。	在下雪的路上开车回家的侵入性画面。

填完之后，回顾记录表的内容，看看你能了解到哪些情况、想法、记忆或感受会触发你的反刍思维。问问自己：

- 我是否观察到任何模式？
- 我是否对某些情况的反应比其他情况的反应更大？
- 我是否对他人的某些评价尤为敏感？
- 我的反刍思维是否经常由不请自来的干扰性想法触发？

将自己的反思写在下面的空白处，如果篇幅不够，可以另找一张空白纸继续写，或者写在日记本上。如果你想不起触发自己反刍思维的经历，请在接下来三天里，记录你反复出现的消极想法，并将其触发因素记录到表格里。

- _____
- _____
- _____

更好地认识触发消极情绪的敏感点,是改变你应对反刍思维的方式以及解决其困扰的必要步骤。基于这些认识,确保你可以将后续章节中介绍的,应对反刍思维的策略重点放在你的触发因素上。与其继续逃避,不如多花点工夫,改变自己对反刍思维触发因素的处理方法。

被困住的思绪:陷入反刍思维的后果

反刍思维一旦被触发,就会对我们的思维、感觉和行为产生负面影响。如图1.2所示,这些负面影响会形成一个恶性循环。在这个恶性循环中,各种负面影响相互叠加,给日常生活造成更大的困扰。

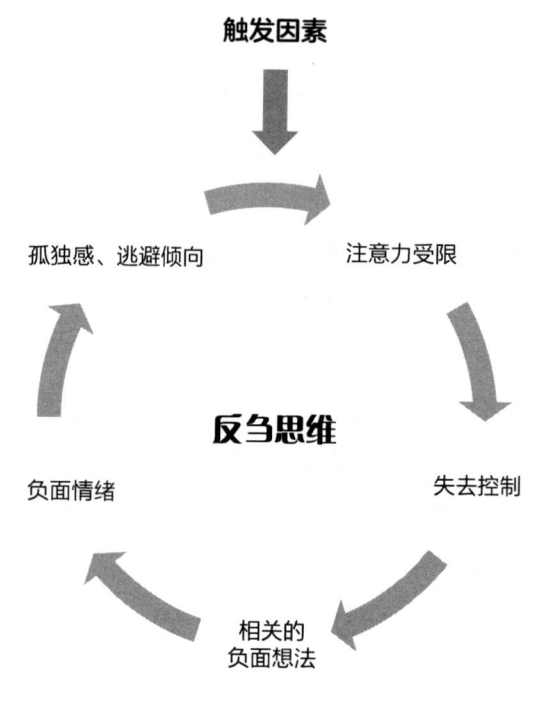

图1.2 反刍思维的负面影响

反刍思维的第一种负面影响，就是将你的注意力困在某些消极的思想内容上。在上文朗达的案例中，一旦朗达开始忧虑自己的儿子，就会习惯性地将他想成一个不会充分利用自身潜能的失败者，她很难改变自己的看法，很容易被这个消极的看法困住，她的大脑似乎无法考虑其他的选择。

一旦我们被反刍思维困住，就会感到失去了理性的控制。我们知道，自己这些带有偏见的消极想法可能会带来毁灭性的后果，却无法让自己摆脱这种精神僵局。我们想要切换到更乐观的思维角度，但越是努力，这些消极想法的反抗就越强烈。而这种无法控制思绪的感觉，将造成严重的缺乏安全感和自我怀疑，强化我们认为自己软弱、失败、一败涂地或不值得幸福等无益的内心信念。这样一来，认为自己遭受人身威胁或身陷危险的想法，压倒了一切理性的想法，而认为未来一片黯淡的想法，似乎主宰了我们的大脑。

反刍思维对情感和行为的影响最大，一旦陷入反刍思维，人们会变得更加焦虑、抑郁、沮丧、急躁、内疚，甚至易怒。他们可能更喜欢独处，避免与朋友和家人交往。上文提到的朗达，就经常拒绝好友的聚会邀请，宁愿晚上和周末独自在家或与家人在一起。她沉浸在自己的世界里的时间越多，社交就变得越困难，也越来越不愉快。这反过来又为她产生其他类型的消极思想创造了更多机会，比如自我贬低的评价、事后的反刍与后悔以及防御性悲观主义。想要充分了解反刍思维对个人的影响，请花几分钟时间完成下面这个练习。

练习：反刍思维后果量表

下面是一个量表，它提供了15条陈述，描述了反刍思维可能对你的日常生活和生活满意度产生负面影响的方式。请使用这个三级评价量表来确定每项陈述与你的反刍思维体验的相关性。

陈述	不相关	比较相关	非常相关
1. 几乎任何事情都会让我陷入反复的负面思考。	0	1	2
2. 我的负面思维往往集中在一两个主题上，因此它们的重复性很强。	0	1	2
3. 我被消极的想法困住了，没办法从其他角度思考问题。	0	1	2
4. 我已经被负面思维淹没了，似乎无法控制自己的想法。	0	1	2
5. 一旦负面的想法开启，我就没办法停下来。	0	1	2
6. 我经常感觉自己失去了对想法和理智的控制。	0	1	2
7. 当我陷入消极思考时，我会更容易批判自己。	0	1	2
8. 在经历反刍思维时，我很担心自己的心理健康，或感觉自己丧失了快乐的能力。	0	1	2
9. 我认为这种无休止的消极想法是对我的惩罚。	0	1	2
10. 因为陷入消极的思维，我充满了负罪感。	0	1	2
11. 在我经历反刍思维时，我感到越来越抑郁。	0	1	2

续表

陈述	不相关	比较相关	非常相关
12. 当我无法停止反刍思维时,我会感到焦虑或沮丧。	0	1	2
13. 当我陷入消极思维的恶性循环时,我宁愿一个人待着,什么也不干。	0	1	2
14. 每当我经历了一次反刍思维,我想要花更多时间躺在床上,或只是休息,什么也不干。	0	1	2
15. 在经历反刍思维时,我会尽可能避免社交。	0	1	2

如果你在前述十项或更多陈述上给自己的评分是1分或2分,那么反刍思维可能会给你的情绪健康造成严重的负面影响。需要提醒的是,这个量表仅为本书设计,因此没有独立的外部研究证明其有效性或准确性。请将它视为一个粗略的指南,让你判断反刍思维是不是给你造成情绪困扰的一个重要因素。

在你阅读后续的章节,并利用本书提供的诸多应对反刍思维的策略时,可以参考本章提供的几个评估表,以确定自己在多大程度上减少了反刍思维导致的负面影响。或许,在完成本章的评估练习之后,你发现反刍思维已经成为一个严重影响生活健康和品质的问题,也许你现在正考虑,是继续自主学习这本工作手册提供的方法,还是寻求专业的心理健康治疗师的帮助(如果你还没有接受任何心理治疗),那么下一节的内容或许能够帮助你做出决定。

何时应该寻求专业的心理治疗

本书是面向大众的心理自助资源。然而,许多人发现,仅靠心理自助是不够的,他们意识到,合格的心理健康专业人士的帮助可能会带来更深刻、更持久的改变和效果。如果你因情绪方面的问题去看心理医生,这本练习册中的练习也可以纳入你的治疗中,尤其是在接受认知行为疗法(CBT)治疗的情况下。你应该将自己正在阅读的任何自助材料(包括这本练习册)告知心理治疗师。如果你还没有接受心理健康治疗,在遭遇强烈、持续、严重干扰日常生活或与创伤经历有关的情绪困扰时,请咨询有资质的心理健康专业人士。此外,如果你察觉自己的情绪控制能力显著降低,或者性格大变,应该寻求专业人士的帮助。来自家人和亲密朋友的建议可能有所帮助,因为他们通常更了解我们情绪状态和控制能力的明显变化。下面的核对表提供了一些指标,帮助你确定何时应该寻求专业的心理健康咨询。

练习:情绪问题核对表

阅读以下陈述,如果该陈述描述了你在过去一个月或更长时间内的想法、感觉或行为,请在"是"栏内打钩。

陈述	是	否
1. 我经历过非常强烈的抑郁、焦虑、愤怒或其他负面情绪。		
2. 当我感到抑郁或心烦意乱时,这种糟糕的状态会持续几天甚至几周。		
3. 我几乎无法控制自己的抑郁情绪。		

续表

陈述	是	否
4. 每当我感到心烦意乱，这种情绪会严重影响我的正常生活。		
5. 我经常产生自杀或自残的念头。		
6. 大多数时候，我晚上都睡不好觉。		
7. 每当我心情不好，我就不愿意见人，总是孤立自己，远离他人。		
8. 我控制不好自己的怒气，发怒时可能会伤害他人。		
9. 每当我感到心烦意乱、焦虑或沮丧，就会习惯性地拖延，逃避面对生活中的各种要求。		
10. 每当我感到焦虑或沮丧，倾向于通过饮酒或摄入其他物质来缓解情绪层面的痛苦。		
11. 我已经好几周没感受到快乐、平静或满足等积极情绪了。		
12. 我的情绪经常大悲大喜，从一个极端走向另一个极端。		
13. 我经常与朋友、同事或熟人发生冲突或争吵。		
14. 每当情绪不佳、沮丧或愤怒时，我会口出恶言，或表现出行为上的攻击性。		
15. 我总是会产生一些在其他人看来怪异，甚至令人不安的想法和主意。		
16. 我已经没办法完成日常生活所需的常规活动。		
17. 我发现自己的记忆力和注意力明显下降。		

如果你勾选了几个"是"，那么应该严肃考虑是否向家庭医生或心理健康专家咨询一下自己的情绪状况。请注意，这份清单并不包括心理健康专家们用来判断患者是否存在精神障碍的所有指标。

只有经过合格的心理健康专业人员彻底的诊断评估，才能确定你的情绪困扰是否符合精神病或心理障碍的特征。情绪问题核对表是一种筛选工具。如果你勾选了其中几项陈述，并在心理健康治疗师的指导和监督下使用这本练习册，你可能会发现它更有效。

本章小结

在本章中，你学到以下内容：

- 抑郁、焦虑、内疚、愤怒和羞愧等消极情绪状态之所以持续存在，往往是因为人们陷入了消极心态。
- 存在一种特殊的心理困扰，叫作反刍思维，它使人们陷入对自己、生活环境和未来的消极看法中。
- 反刍思维是一种被动的、侵入性的、无法控制的抽象思维形式，最常见的表现形式是焦虑、忧虑或抑郁性反刍。
- 通过降低我们的注意力、强化失控感、放大消极想法和感受，以及加重逃避社交和孤立自我的倾向，反刍思维将给我们带来巨大的痛苦。
- 了解自己的负面思维是否属于反刍思维，并确定它对自己的负面影响，是让自己摆脱这种心理困局的第一步。
- 每个人都曾在人生的某个阶段遭遇过个人苦恼。了解从抑郁、焦虑和其他消极情绪中实现自我恢复存在什么局限，是一个至关重要的因素，它将决定你能够从这本练习册中收获多少益处。

下章内容预告

你已经更深入地了解了自己身上的反刍思维，以及反复出现的痛苦，接下来就需要考虑第二个主要因素了：失去自控力。过去几十年的研究使心理学家们意识到，消极想法产生的频率和强度，与自控感存在密切关系。当不想要的想法频繁出现并令人深感痛苦时，我们就会感觉丧失了自控能力。这就造成了一种可以被称为"精神控制悖论"的问题，这就是第二章将要探讨的主题。

第二章

管理精神控制悖论

第二章 管理精神控制悖论

自我控制是情绪健康和幸福的基础,因此我们都在努力提升对自身情感和行为的自我控制能力。与此同时,经常令我们感到后悔的很多事情,都与自我控制的丧失有关,尤其是在其他人面前的失控。我们钦佩的人,往往是那些面对不确定性时,依然能够消除忧虑,或者能够坦然面对过去的失败和错误,不因此而陷入气馁、内疚或失败情绪的人。市面上有很多研究都支持了这样一个观点,即高度的自我控制能力,是确保情绪健康、长久的成功和超高生活满意度的重要因素。

自我控制的重要性,也会影响到我们的大脑。人类的大脑时时刻刻都在不断地产生成千上万的想法、图像、感知和记忆,我们必须能够将注意力专注在重要的想法上,忽略那些无关紧要的想法,才能够确保正常生活。要做到"去芜存菁",就需要一定程度的心理自控能力。人类大脑前额叶皮层具备区分重要和不重要想法的功能,但不幸的是,大多数人的心理自控能力并不完美,因此我们往往会过于关注无关紧要的想法,或陷入无益甚至有害的思维方式,比如反刍思维。

在第一章中,我们认识了患有过度焦虑症和忧虑症的朗达,她担忧的一件事情是家庭的财务状况,她总是担心自己还没能为退休存下足够多的钱。而这种过度担忧,就是精神控制失败的一个典型例子。哪怕她会安慰自己:别担心,离退休还早着呢,但这些安慰从来都无济于事。不管她怎么努力,依然控制不住地担忧这个问题,就好像撞上了一堵心理层面的南墙!她越是想要控制住焦虑,失控的感觉就越是严重。显然，朗达正在经历一场精神控制悖论的危机。

如果你曾参加过任何类型的比赛，或许就会知道，有时候，过度努力反而导致最终的成绩变得糟糕，即所谓的"欲速则不达"。因此，"过度努力"就成为本章探讨的主题，因为它是精神控制悖论的核心。阅读本章内容后，你将了解到，放弃控制反而是有效控制反刍思维的最佳方法。此外，你还将能够确定自己是否过度依赖无效而非有效的思维控制策略。本章提供的几个练习和表格，将帮助你找出在努力控制反刍思维的过程中存在的问题，因为这些会导致你遭遇情绪问题。

白熊效应[①]与精神控制的悖论

让我们从白熊效应开始！人们拥有的一项最基本的心理能力，就是将注意力集中在与特定任务相关的想法上，避免被与任务无关的想法干扰。举个简单的例子，我需要具备足够的精神控制能力，才能专注于与这段话相关的想法，并忽略"我今天中午要吃点儿什么？"等干扰性的想法。然而，自我控制能力并非每时每刻都在，在我们最需要它的时候，它反而可能令我们失望。在控制自己的思维方面，你是否曾注意到这个问题？在某些情况下，你能够非常好地集中注意力，但在另一些情况下，你的思维控制力却很弱，很容易分心。

关于精神控制的奥秘，心理学家们已经做了很多研究，也得到了不少的成果，其中最重要的研究问题就是：我们能够在多大程度上控制那些不想要的情绪和想法？我们是否有可能有意识地将那些反复出

---

① "白熊效应"又称反弹效应，源于美国哈佛大学社会心理学家丹尼尔·魏格纳的一个实验。他要求参与者尝试不要想象一只白色的熊，结果人们的思维出现强烈反弹，大家很快在脑海中浮现出一只白熊的形象。——译者注

现的、不想要的想法从脑海中驱逐出去？首先，我们要考虑一下精神控制的极限，以及这对于你将要按照本书展开的心理疗愈练习意味着什么。

我们对精神控制极限的了解，大多来自已故哈佛大学心理学家丹尼尔·魏格纳所做的一个奇妙的实验。这个实验结果表明，当人们被要求在两分钟内不要想白熊时，反而会导致他们在接下来的两分钟内，想到白熊的次数增加。从最初的实验到现在，心理学家们已经开展了大量的"白熊"实验研究。这些研究均表明，人们不去想（或抑制）不想要想法的能力是有限的，而且这种"控制不去想"的努力往往会适得其反，最终会导致更多不想要的想法的产生。如果你不相信我说的话，不妨通过下面这个练习亲自体验一下。

练习：白熊实验

实验分为两个部分。第一部分称为"思想保持"（thought retention），测试你能否将注意力集中在一个特定想法上。现在，请闭上眼睛，想象一只白熊。请尽可能努力地将注意力集中在白熊身上。如果你的脑海中突然出现其他想法，只需在白纸上做一个记号，记录这些想法的出现，然后慢慢地将注意力转回到白熊身上。两分钟后，睁开眼睛，数一数自己在试图思考白熊时被其他想法打断的次数。记录下思维中断的次数后，使用下面这个1—3分的三级量表为自己的体验打分。

思想保持

1.思想中断的次数：_____

2. 保持注意力集中的成功率：0=完全不成功，1=较为成功，2=非常成功

3. 保持注意力集中在白熊身上是否困难：0=不困难，1=较为困难，2=非常困难

实验的第二部分称为"思想屏蔽"。再次闭上眼睛，在接下来的两分钟内，尽量不要去想白熊。这时候，你应该尽最大努力去抑制或阻止任何关于白熊的想法进入脑海。如果白熊的想法突然出现在你的脑海中，请在纸上做一个记号，然后慢慢地把注意力转移到其他想法上。使用下面这个1—3分的三级量表为自己的体验打分。

思想屏蔽

1. 白熊思想入侵的次数：＿＿＿＿＿＿＿＿＿＿＿＿＿＿＿＿＿＿

2. 抑制白熊想法的成功率：0=完全不成功，1=较为成功，2=非常成功

3. 抑制住白熊的想法是否困难：0=不困难，1=较为困难，2=非常困难

通过对比两次体验，你是否已经发现，抑制对白熊的想法（屏蔽），比将其留在脑海中（保持）困难得多？那么，两次练习中，最令你感到印象深刻的是将注意力集中在一个想法上需要的努力，还是抑制一个不想要的想法所需的努力？大多数人会发现，抑制"白熊"的想法更困难，并且经常惊讶于自己抑制能力的薄弱程度。

这次练习是否很好地提醒了我们，人类的精神控制能力是有限的？在某种程度上，这次练习也让你体会到了，试图不去想某件事的负面影响。想象一下，有一个想法对你来说非常重要，比如让你深

感遗憾的一个想法，但你却需要连续几个小时或者几天"不去想它"，要抑制住这个想法会有多么困难。与试图压制白熊等无关紧要的想法相比，试图抑制对个人而言有重大意义的想法，可能会造成更多的负面影响。因为对于重要的事情来说，我们会更倾向专注于那些不受欢迎的入侵性想法。你会发现自己很难把注意力转移到其他事情上，哪怕你反复地告诉自己：我必须停止这些消极的想法。但是在控制自己想法方面的反复失败，会令你更加沮丧、焦虑、内疚或气馁。最后，随着这些消极想法一次又一次地出现，你的情绪问题也会加剧。这就是我们所说的精神控制悖论，如图2.1所示。

↑ 精神控制方面的更大努力 = 更糟糕的精神控制能力 ↓

图2.1 精神控制悖论

就好像第一章里提到的朗达，她很努力让自己不要去担忧丈夫的健康。每当她开始担心，她都会安慰自己，一切都会好起来，希望以此来压制这种担忧，为此，她还专门背下了存在心脏病风险因素的美国中年男性死亡概率的相关健康统计数据，但这无济于事，她越是试图压制这种担忧，它就越是占据她的思想。朗达觉得，自己可能永远都无法战胜这种焦虑的想法，但她并不知道，自己已经陷入精神控制悖论的陷阱。

放弃控制

白熊实验是否令你对控制自己痛苦想法的可能性感到气馁？你或许已经有过一段时间的失败体验，也知道不可能破罐破摔，直接放弃控制负面想法的所有努力，因为仅仅是告诉自己"别管它，想点儿开心的事儿就行了"是行不通的，原因有以下几点：

- 人类天生就会关注更情绪化的想法。
- 试图"不去想"事实上需要耗费大量的精神控制力。
- 反刍思维往往涉及那些与我们息息相关的事情。
- 反刍思维比其他类型的想法更容易吸引我们的注意力。
- 反刍思维往往与我们当下的感受一致，因此往往具备更强的持久停留能力。

如果要彻底摒弃这些重复性消极想法如此困难，我们根本无法做到无视它们的存在，那么我们就需要一种全新的方法，来学会放手。你需要说服自己，相信更努力地忽略、压制或转移注意力，对反刍思维没有任何作用。或许，完成前面两个白熊实验之后，你会惊讶于实验的结果，但依然认为这是因为自己的自控力较差才做不到。如果是这样，请你再尝试下面这个练习，它能够更直接地测试精神控制方面的努力对于那些不想要的、痛苦的想法有何影响。这个练习也被称为"交替日实验"，是基于心理学家克拉克描述的一个类似练习。

练习：交替日实验

在下方的空白处写下你经历的反刍思维，它们可以是你在第一章的第一个练习中列出的一个反刍思维。

选择两个工作日进行交替日实验。前一天为低精神控制日，后一

天为高精神控制日。在低精神控制日当天，当反刍思维出现在你的脑海中时，尽可能降低控制它的精神意识，让自己放松地思考或感受脑海中出现的任何想法，不要有意识地试图控制自己的想法或感受。也就是说，放弃对反刍思维的精神控制。在高精神控制日当天，每当反刍思维出现在你的脑海中时，密切关注它，并尽最大努力让它从你的脑海中消失。

每天结束时，简要描述你放弃控制或努力抑制反刍思维的经历。你的描述应该足够详细，这样你才能回答后面的问题，并列出较弱的精神控制与较强的精神控制分别具备什么优势。

低精神控制日观察记录	高精神控制日观察记录

根据前述观察记录，回答下列问题，描述彻底放弃精神控制和高精神控制分别带来什么不同的体验。

- 相较于高精神控制日的体验，你在低精神控制日时，反刍思维方面遭遇的问题是否更少？抑郁的程度是否更低？或者你在两天的体验没有本质的差别？

- 在你极力想要控制反刍思维时，是否感到更沮丧或压力更大？而当你彻底放弃控制时，对自己的不满是否会减轻？

- 为控制反刍思维付出的努力是否值得？请在下表中列出低控制努力与高控制努力分别具有什么好处。

低控制努力带来的好处	高控制努力带来的好处

完成所有练习之后，你对于努力忽视、压制或防止反刍思维的出现的做法有何结论？在付出较低控制努力的情况下，你的焦虑、抑郁、愤怒或内疚感是不是降低了？还是说，你在低精神控制日和高精神控制日的想法和感受没有任何不同？如果你得出了前述任何一个结论，那么你已经做好了彻底放弃控制的准备。因为你可能发现，拼命地把不想要的想法从脑海中赶走根本不值得。

但也许你依然对彻底放弃精神控制心存疑虑,又或者你发现,在低控制日里,让自己的思绪转移到其他想法上实在是太困难了。无论如何,你都要知道,学会放下对负面想法的控制是一项重要的技能,它将是你在本书后续章节中学习的许多心理疗愈策略的基础。

解决控制策略存在的问题

想要学会放开控制,首先就要了解自己的极限何在。然后需要更仔细地分析应对反刍思维使用的实际控制策略是否有效。

我们都已经知道,有些精神控制策略会比其他策略更有效,但不幸的是,在遭遇严重且痛苦的想法时,我们往往会使用那些无效的控制策略。因此,在经历反刍思维时,我们可能更倾向于使用效果较差的精神控制策略。

而当一个令人痛苦的想法反复地出现在我们的脑海时,要求自己坐视不管有点困难。因为我们可能会以为,这些反刍思维非常重要,以至于它们反复地出现。因此,大脑会赋予其更高的注意力优先级,这就意味着如果我们想把注意力从这些令人讨厌的想法上转移开,就必须进行某种形式的精神控制。

这种精神控制反应往往发生在一瞬间,这就意味着你可能会在不知不觉中就进入了精神控制反应状态。好消息是,通过刻意的训练和努力,你可以增强自己对这些精神控制反应的意识,因为它们可能在一天中多次出现。表2.1列出了常见的精神控制反应,根据它们将注意力从不必要的消极想法上转移开的能力,我们将它们分为了相对有效和相对无效两种。

表2.1 常见的精神控制反应

有效策略	无效策略
用其他想法取而代之。	试着跟自己讲道理。
参与一项活动来分散自己的注意力。	因为自己这样想而自我批评。
接受消极想法的存在；让它在思绪中"流淌"，而不要去重复这些想法。	寻求他人的安慰。
尝试通过更积极、有用的方法看待这些消极的思想。	告诉自己不要再这样想。
尝试放松、冥想或缓慢的呼吸。	分析其中的含义，以确定自己到底为什么会这么想。
积极地看待自己思考的方式，从中找到幽默之处。	寻找可以驳斥这些反刍思维的证据。
	重复一句话或一个动作（例如检查东西）来反驳（或中和）这种想法或减轻痛苦。
	主动压制脑海中浮现的反刍思维。
	祈祷或专注于一个安慰性的短语或想法。
	试着安慰自己一切都会好起来。
	进行强迫性仪式动作。
	避免可能触发反刍思维的情况、物体或人。

仔细地阅读表2.1的内容，花点时间思考自己应对消极想法的方式。你是否有一些惯用的策略？它们是有效的还是无效的？如果你没能使用更有效的控制策略，这就可以解释为什么你总会感觉自己失去了对反刍思维的控制。大多数人都只关注自己的感觉到底有多糟糕，

却从未思考过，或许是自己应对消极想法的方法不当，才导致了严重的痛苦。

采取有效的精神控制策略

有些精神控制的策略很有效，但却很难掌握和使用。认知重建、正念/觉察关照和积极的自我肯定，都是可以有效治疗焦虑症和抑郁症的常见心理治疗策略。认知重建和正念/觉察关照，都是基于证据的干预措施，但如果没有心理健康专业人员的指导，我们自己很难学会。其他控制策略，如回避问题、寻求安慰和自我批评，都不应该使用，因为它们会使消极想法变得更糟。

在应对反刍思维方面，表2.1左栏所列的六种控制策略的有效性，相对来说比其他策略更高。此外，你还需要意识到，任何控制策略的有效性，都会因你的痛苦程度和引发反刍思维的具体情况而异。图2.2中的"有效性箭头"就说明了这一点。

位于箭头下方起点处的精神控制策略，直接对消极思想采取措施，试图将其从意识中驱逐出去。即使这些策略产生了任何效果，也不过是昙花一现，反刍思维最终会以更大的强度卷土重来。

在担心家庭的财务状况或丈夫的身体健康时，朗达会试图安慰自己，一切都会好起来，又或者责备自己是个杞人忧天的人。这些自我安慰从来没有令她感觉得到安慰，而自我批判只会令她感觉更糟糕。最终，这种无尽担忧的恶性循环一直持续，没有中断过。

箭头中间部分列出的策略，效果一般。看到自己身上积极的品质和特征（自我肯定），质疑反刍思维的真实性（认知重建），用积极或中性的想法取代反复出现的消极想法等，这些策略对控制消极想法和

效果最好：正念、想象暴露法、转移关注

积极的自我肯定、认知重建、想法替换

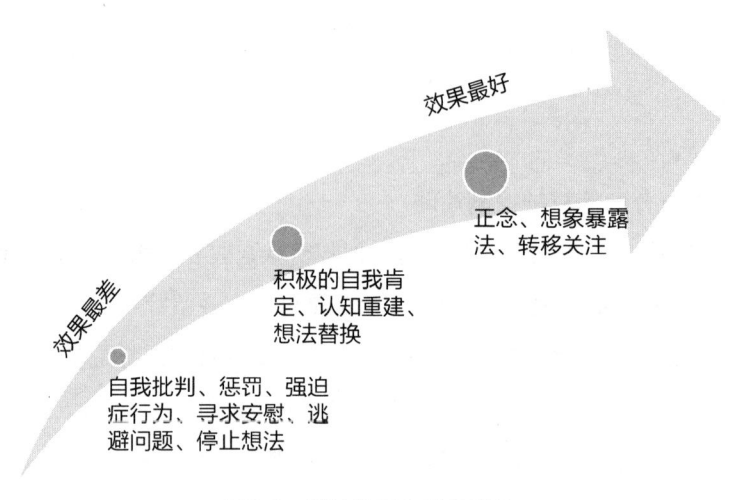

效果最差：自我批判、惩罚、强迫症行为、寻求安慰、逃避问题、停止想法

图2.2　精神控制有效性箭头

情绪能够产生一定的效果，但它们也需要你直面反刍思维，因此，凭借这些策略，你永远也做不到真正地放开消极的想法。

在箭头上最有效的精神控制策略，是采取一种更被动、更疏离的方式来应对消极想法，因此也成为最有希望解决反刍思维的方法。正念要求我们采取一种更有距离感的、旁观者的角度，让这些消极想法"安静地存在于我们的脑海中"，不做任何反应或判断。在想象暴露法中，我们需要有意识地在特定时间内让反刍思维浮现脑海。而转移关注则采用一种更系统的方法，将我们的注意力从反刍思维上转移到另一种非常吸引人的心理或行为活动上。朗达发现，每天晚上安排一段时间，让自己的大脑涌现自己担心的灾难性场景（想象暴露法）并反思，反而能够神奇地减少心中的焦虑和担忧。

表2.2提供了精神控制有效性箭头中不同的心理控制策略的定义和示例，治疗效果较好的策略位于表的最上方，治疗效果较差的策略

位于表的最底部。在阅读这些定义和示例时,思考一下,当你感到痛苦时,你是否使用过这些策略。如果你还不知道如何将这些控制策略用来应对自己的情绪问题,也不用太担心。这里只是初步地介绍了这些概念。在随后的章节中,我们将分别探讨不同类型的反刍思维,届时各个章节的内容将大量援引下表的内容,并详细地解释如何在管理反刍思维时更有效地应用这些精神控制策略。

表2.2 具备和不具备心理治疗效果的精神控制策略简介

策略名称	策略阐释	示例
正念	被动地观察不想要的重复想法,接受它,让它在你的脑海中停留,不做任何评价或放弃努力控制它。	每当回忆起过去犯下的严重错误时,让该事件的记忆,在意识中进进出出,不做任何判断,也不要试图努力去控制它。
转移关注	将注意力转移到一个高度吸引人的想法、记忆或活动上,从而更充分地利用大脑中处理信息的资源。	当一个人不自觉地陷入一段糟糕经历的思绪时,她把注意力转移到花园的重新布局上,因为她对园艺活动充满了热情。
积极的自我肯定	以同情的方式深入思考自己身上的积极品质和特点,强调自己的道德能力和善良。	当一个人反复想到自己过去的错误行为,并因此而感到内疚时,他就会想到自己是一个关爱孩子的父亲、一个忠诚和关心他人的朋友、一个称职和可靠的员工等具体的例子。
认知重构	系统地收集证据,质疑一个反刍思维的准确性,然后找到一种更符合现实的思维方式,指导随后的应对措施。	当反复思考"为什么我经历的失败比别人多?"时,他会收集支持或反驳这一观点的证据,然后提出一个更现实的替代性想法,比如"有些人就是会经历比别人更多的失败,哪怕这不是他们自己造成的"。

续表

策略名称	策略阐释	示例
想法替换	将注意力从反刍思维转移到更积极或中性的想法上。	当"她是不是对我不忠?"这种焦虑的想法反复出现时,患者会试着去想他上一次观看的体育比赛时的经历。
寻求安慰	寻求他人或外部来源的安慰,即一切都会好起来,与反刍思维相关的焦虑就会减退。	面对突如其来的身体疼痛或疼痛而导致的重复性焦虑想法时,她会在互联网上搜索安慰性信息,以确保这些症状是良性的,自己的健康没有问题。
逃避问题	试图避免或逃避可能引发反刍思维的情况、想法或感觉。	他会回避特定的人、情况或谈话,因为他们可能引发新一轮对工作安全或即将到来的绩效考核的担忧。
停止想法	大声地说出来,告诉自己"不要再这样想了!"	每当记忆中的耻辱经历出现在脑海中时,他就会感到强烈的挫败感,并暗自大喊"停止!"
强迫症行为	在心理上或行为上,做出特定的仪式,以减轻痛苦或消除反刍思维带来的恐惧后果。	每当脑海中反复出现有违道德或不洁的念头时,她就会重复一句特定的宗教用语,从而带来一种内心洁净的感觉。
自我批判或惩罚	由于反刍思维的存在及其不可控性,产生批判性或贬损性的自我评价。	他会自言自语地说:"别这么傻""我一定是疯了""我又软弱又可悲"。

你熟悉表2.2中描述的任何一种"治疗性"精神控制策略?你的心理治疗师可能给你介绍过这些策略,但你渐渐地放弃使用它们了。你能回忆起这些策略曾帮助你处理过的痛苦想法或感受吗?又或者这些策略对你来说完全陌生?反而是那些治疗较差的策略,如寻求

他人的安慰、回避问题或自我批判看起来更熟悉，因为在你感到痛苦时，你一直在使用它们。无论如何，你都将在后续的章节中学习如何调整这些策略为己所用，以尽可能地降低各种类型的反刍思维的负面影响。

本章的最后一个练习提供了一个机会，让你仔细地审视自己是如何应对那些充其量只能称得上是轻微困扰的消极想法。你可能已经清楚地意识到，自己正在使用无效的精神控制策略。但是，你是否运用了有效的精神控制策略，解决了那些痛苦程度较低的消极想法，可能就不那么明显了。接下来的练习将专注于帮你解决这个问题，让你确定自己是否已经正在使用某一种有效的精神控制策略。

练习：找出适合自己的最佳策略

选择一个常规的工作日，多留意脑海中出现的任何消极想法，尤其要注意与你的反刍思维无关的消极想法。在这种情况下，你可能会产生消极的想法，但它们的负面影响很轻微，不会干扰到日常的工作。在这些想法出现时，你可以做笔记（书面或手机语音备忘录均可），或者在脑海中记下所发生的事情。在当天的活动结束时，在下方的空白处记下这些想法以及你的应对方法：

1. 消极想法：_____
   如何应对：_____
2. 消极想法：_____
   如何应对：_____
3. 消极想法：_____

如何应对：_____
　4. 消极想法：_____
　　　如何应对：_____
　5. 消极想法：_____
　　　如何应对：_____

接下来，请评估你使用以下每种相对有效的控制策略来应对程度轻微的消极想法的频率：0=从不，1=有些时候，2=很多时候。

　正念或冥想 _____
　转移关注 _____
　积极的自我肯定 _____
　认知重构 _____
　替换想法 _____

你是否发现自己使用某些控制策略的次数明显多于其他策略？如果是这样，这些策略可能让你感觉最舒服，因此你需要集中精力完善这些策略，使它们在控制反刍思维时更加有效。你可能需要连续几天才能完成这个练习。

在随后的章节中，请跟着本书的内容，从应对轻微痛苦时使用的策略入手，让自己的精神控制反应变得越来越高效。通过学习如何改进这些自发采用的策略的内容，你可以提升它们的有效性，从而有针对性地解决每种类型的反刍思维导致的独特问题。

对你来说，接受一些策略可能比接受其他策略更容易，这是因为你曾经成功地用它们来解决过其他类型的消极思维。这些策略可能更符合你的个性或天赋能力。例如，分析能力较强的人通常更喜欢认知重构策略,而直觉更强的人可能更喜欢正念或冥想的方法。在继续阅读本书后续章节时,不妨花更多时间打磨更适合你个人的控制策略。归根结底,我们的目标就是,学会以不同的方式应对那些不想要的反刍思维,从而让你达到彻底放下控制的终极目标。

本章小结

在本章中,你学到以下内容:
- 我们控制不想要的想法的能力是有限的。
- 精神控制领域存在这样一个悖论:越是努力控制,成功的概率反而越小。
- 放弃控制反而是应对反刍思维的最佳策略。这包括减少精神控制方面的努力,培养自己在应对不想要的想法时更大的容忍度。
- 在解决反刍思维方面,放弃控制的策略比直接对抗和回避策略更有效。
- 你可以努力强化那些让自己感觉更舒适,并且能够有效减少轻微痛苦的负面想法的精神控制策略。

下章内容预告

恭喜你已经完成前面两个理论章节的学习,我知道没人喜欢阅读长篇大论的理论和背景知识,但请你相信,你在前面几个章节中掌握的知识,将为你后续的学习和练习打下坚实的基础。因为你认真阅读了前面几个章节的内容,针对特定情绪问题(如忧虑、反刍、后悔等)的治疗策略会更有意义。在阅读后续章节时,欢迎你随时回过头翻阅这几个章节的内容,刷新自己对反刍思维及其控制策略的理解和认识。接下来,我们要做的就是将学到的知识应用于具体的情绪问题。下一章探讨的主要问题是忧虑,它也是反刍思维最常见的形式。

第三章

摆脱习惯性忧虑

第三章 摆脱习惯性忧虑

对很多人来说，忧虑就像呼吸一样自然，它还能有什么不同呢？毕竟，人生从来不易，未来总是充满不确定性，所以我们总是会担心未来会出现意料之外的问题。过度忧虑是焦虑症的一个基本特征，尤其是广泛性焦虑症（GAD）。因此，如果你曾经感到忐忑不安，或经历过个人感受到威胁的情况，你很有可能会产生忧虑。

但人们感到担忧的方式并非千篇一律，每个人担忧的方式都不一样。你遭遇慢性忧虑，那么很可能在生活的大部分时间里，你都会处于一种忧心的状态，哪怕是很小的事情也会触发你的忧虑，且可能无法控制。如果存在这种情况，就意味着你的忧虑已经变成了一个严重的健康问题。大多数人都能够理解严重问题导致的忧虑，比如威胁到生命安全的严重疾病、失去价值的人际关系或遭遇事业的滑铁卢等，但是患有慢性忧虑的人，可能会因为日常生活中的小事而感到担忧，比如能否按时赴约、如何处理交通问题、做家务或准备饭菜等。尽管这些慢性忧虑症患者努力地保持理性，告诉自己一切都会好起来，这些忧虑依然如影随形，并可能伴随恐惧感的出现。我们将其称为"不良忧虑"，它符合第一章中讨论的反刍思维的所有标准。

不良忧虑的出现并不总是合理的，你或许会觉得，只有那些经历很多人生困难的人才最有可能存在不良忧虑的问题，但事实并非如此。此外，研究还表明，实际上老年人忧虑的程度比年轻人要低，哪怕他们面临健康每况愈下、固定收入锐减和亲人死亡等糟糕的事情，而且过度忧虑的情况在高收入国家反而更常见。所以，拥有一个相对轻松和无压力的生活,并不能保证无忧无虑。但反过来看,这也是一个好消息,因为即使你的人生开启了困难模式,也并不意味着你就需要日日担忧。无论生活给你带来什么,总会有人的情况更糟糕,但他们却没有因此而深陷忧虑不可自拔。

鉴于忧虑是一种人之常情,那么我们就需要首先搞清楚什么是过度的、不良的忧虑。因为只有这种类型的忧虑才符合反刍思维的标准。我将在本章中为你提供一些评判准则和评估工具,帮助你确定自己是否经历过符合反刍思维标准的忧虑。你也将发现符合现实的、有用的忧虑和非理性的、不良的忧虑之间的差别。如果你的忧虑源自生活中的重大问题或失败,那你将学习如何利用解决问题的方法来缓解这些忧虑。但大多数长期的忧虑往往专注于想象的、不可能实现的结果,所以认知疗法中的灾难简化法和系统性的忧虑暴露法将是解决这种类型忧虑的最佳策略。在继续阐述之前,让我们一起了解一下利亚姆面临的、使其倍感无助的忧虑问题。

● 利亚姆的故事:因过度忧虑而病倒

利亚姆是一个对自己要求非常苛刻的医学院预科课程的四年级学生,他现在每天都要与焦虑和忧虑作斗争。身为一个父母成就颇高的中产阶级家庭的长子,利亚姆从小就肩负着父母高期望值的巨大压力。还在孩提时期,利亚姆就对医学产生了浓厚兴趣。显然,他已经将医学视为终生职业追求。在他看来,个人价值能否实现,取决于他能否在医学界有所成就。他也知道,想要得到医学院的录取并不容易,因为竞争很激烈,且学校的门槛很高。利亚姆各方面的能力十分出众,但他的成绩必须非常出色,他的简历必须证明他是一个有才华、有爱心、德智体美劳全面发展的人。为了尽可能获得优异的成绩，他每天都要长时间地学习，并且选修了最艰深的课程，以确保自己能够提交出最有竞争力的医学院申请书。但利亚姆一直饱受自我怀疑、不安全感和忧虑的折磨。

每次测试、考试或提交作业的前几天，利亚姆都会强烈地担心自己做得不够好。他总是觉得自己可能对备考材料的了解还不够，所以强迫自己花费超长的时间去努力学习。他的睡眠质量不好，这也引起了他的担心，因为他担心糟糕的睡眠会影响到学习成绩。他还担心自己不如同龄人聪明，担心教授们可能会认为他不具备学医的天赋和能力。为此，他不停地寻求来自母亲的肯定，后者总会告诉他，他一定会被医学院录取。担心无法进入医学院的焦虑一直萦绕在他的脑海中，现在已经影响到他的健康。他出现了严重的腹痛和头痛，医生认为这是压力和焦虑造成的。他的家庭医生警告利亚姆要控制住他的焦虑，否则他将可能需要休学一个学期来恢复健康。而这引起了进一步的忧虑，因为利亚姆现在开始担忧起自己的过度忧虑。他的忧虑已经彻底失控，威胁到了他人生最重要的梦想。利亚姆对不确定的未来的关注是否听起来很熟悉？你是否也经历过"失控的忧虑"？

不可抗拒的忧虑冲动

忧虑往往源自生活的不顺意或不确定性，由我们最重视的生活问题、人生目标和责任引发，我们总是担心家庭和人际关系会遭遇变化或困难，担心自己或重要的亲朋好友的身体健康和安全，担心工作或学习，担心经济情况，操心世界大事，以及在某些情况下，因为一些琐碎的小问题而感到担忧，比如房屋维修、能否准时赴约或如何搞定日常生活的例行公事。在大多数情况下,忧虑往往源自消极的生活事件,但即使是积极的变化,如孩子的出生或开始新的工作,也会引发新一轮的担心。

如果你一生中的大部分时间都在跟忧虑作斗争,你可能会因此而确信,自己无法战胜它。你可能会觉得,忧虑症是家族遗传,所以你注定是一个会过度忧虑的人。再加上人生本身就十分复杂和充满了不确定性,因此肯定有很多事情需要操心,但忧虑并不是与生俱来的。在大多数情况下,忧虑是一种后天习得的习惯,我们小时候的经历使我们学会了担心各种各样的事情,然后在长大的过程中,不断地强化这个坏习惯。利亚姆把他的忧虑归咎于课程的压力和高要求,认为是高压的生活环境导致了忧虑症,但实际情况是,利亚姆对很多事情都过度担心,比如身体的健康和人际关系。每当他想到未来时,忧虑就会成为下意识的第一反应。

要处理好忧虑,首先要了解它不可抗拒的本质。请仔细阅读下面这段定义:

> 忧虑是一种持续的、重复的、不可控制的思维链,主要聚焦在未来可能发生的一些负面或威胁性结果的不确定性上,在这种情况下,人们会预演各种解决问题的方案,但无法减少对可能威胁的高度不确定性。

让我们来解读一下这个定义。忧虑有六大特点,它们共同作用,导致忧虑变得无法抗拒。

- **不确定性**。忧虑的对象,总是未来可能发生的灾难或不如意的结果。你可以将忧虑视为一种"如果……"疾病,比如:如果我没有得到晋升怎么办?如果体检的结果是阳性呢?如果我永远都找不到真爱怎么办？当我们陷入这种"如果……"开头的悲观假设时，我们实际上在质疑一个我们无法控制的未来。我们没有办法确定未来，即便我们可以预测，但没人能够保证未来一定会发生或不会发生什么。所以，每个人都被迫生活在不确定性中，但总会有一部分人觉得自己比其他人更难以应对这种不确定性，这就使他们更容易患上慢性忧虑症。

- **不可控性**。即使你已经意识到，过度的忧虑是徒劳无功、令人不安的，但过度的忧虑依然不可阻挡。慢性忧虑症患者告诉自己要"停止忧虑"，又或者别人是这样安慰他们的，但他们无法控制自己。利亚姆无法停止他的担忧，即使他知道这是毫无意义的，并且可能会损害他的学习成绩。

- **聚焦于威胁**。容易忧虑的人往往是悲观主义者，他们的大脑仿佛天生就充满那些证明我们生活在一个危险、到处都是威胁和不公正的世界中的信念。忧虑的人很难看到安全和保障，或以更积极的方式思考未来，因为这些积极的东西与他们悲观的世界观不一致。每当利亚姆想到医学院，他的脑海中只会浮现自己收到拒绝信，并因此而感到羞愧和失败的惨淡画面。

- **无效的控制**。众所周知，忧虑者在陷入忧虑的恶性循环时，往往会使用无效的策略。寻求安慰、回避问题、自我批评和找借口等往往是他们惯用的策略，但这些策略对反刍思维来说，是相当无效的策略。

- **积极的信念**。尽管我们已经看到忧虑的诸多负面影响，但有趣的是，慢性忧虑症患者往往认为忧虑是有用的。如果我们相信（1）忧虑有助于问题的解决；（2）忧虑能够督促我们尽快解决问题；（3）忧虑能够减少负面事件的影响，或者（4）忧虑是性格坚强的体现，那么我们就更容易陷入不停担忧的怪圈。

- **无效的问题解决方式**。慢性忧虑症患者事实上具备相当好的解决问题的能力。他们出错的地方是：（1）夸大了特定情况的威胁程度；（2）对自己解决问题的能力信心不足；（3）不看好自己的解决方案。他们可能希望自己的决策能够达到百分百的确定，因此最终会经常半途而废，从一个可能解决问题的行动方案跳到另一个方案。你在遭遇忧虑的时候，是否也是这样的？你是否对各种方案的可能性感到焦虑、怀疑和犹豫不定，因此从未真正地确定一个决策或采取一个行动方案？

现在，你对过度忧虑有了更好的理解，请利用下一个练习，运用这些知识，记录你的忧虑经历。你对这些问题的回答，将帮助你完成下一节的忧虑程度评估。

练习：忧虑的个人反思

回忆一下，你上一次经历严重的忧虑时的具体情况，简要地说明你担心的是什么。

我的忧虑是：＿＿＿＿＿＿＿＿＿＿＿＿＿＿＿＿＿＿＿

下面这些问题，描述了无法抗拒的忧虑的六个特征。请回答下面的问题，确定你遭遇的忧虑是否具备这些特征。

1. 你的忧虑是否关乎未来的不确定性？总是害怕未来会发生一些

糟糕的事情？列出你在忧虑发作时出现的"如果……"型想法。

_____

_____

2. 你的忧虑是否令你感觉无法控制？你是否需要不断地告诉自己不要去担忧？

_____

_____

3. 你的世界和未来，是否显得消极，或充满了威胁？如果是这样，具体表现为什么样子呢？你认为未来会有哪些非常糟糕的地方？

_____

_____

4. 你是否使用了表2.1和表2.2中列出的无效的精神控制策略？如有，请将它们写下来。

_____

_____

5. 你是否认为这些忧虑是有好处的？如是，请写下它们可能具备的好处。

_____

_____

6. 忧虑是否带来了任何决定或行动方案？如果没有，这些忧虑导致了什么结果呢？

_____

_____

你的忧虑是否符合前述六大特征中的几项？如果是，那么你很可能经历了过度或不可抗拒的忧虑。请你继续完成本章后续练习，学习更有效的应对策略，尽可能地降低忧虑的程度。

忧虑程度评估

更好地了解自身的忧虑固然重要，但你也要评估一下自己的忧虑是否属于长期的反刍思维。为此，我们需要先通过下面这个练习，了解一下你的忧虑程度和性质。

练习：忧虑领域核查清单

下面列出了与忧虑相关的生活领域。如果你在该领域出现了忧虑，请在旁边打上一个勾选的标志。然后在每个领域下方的空白处，简明扼要地描述你担心的事情是什么。在这里，你可以参考自己在第一章的"识别消极体验和想法"的练习中提供的答案，为自己的忧虑评估和描述提供灵感或参考思路。

☐ 对工作或学业的表现、评估或安全性的忧虑。（如有）请在下方说明你具体担心什么：

___

☐ 亲密关系或家庭关系的缺乏、关系不佳或关系不稳定的忧虑。（如有）请在下方说明你具体担心什么：

___

☐ 不确定或毫无目标的未来的忧虑。（如有）请在下方说明你具体担心什么：

___

☐ 经济方面的忧虑。(如有)请在下方说明你具体担心什么：

☐ 安全问题，比如担心自己或对自己而言很重要的人可能遭受伤害。(如有)请在下方说明你具体担心什么：

☐ 自己、家人或亲密朋友患病或健康遭到威胁。(如有)请在下方说明你具体担心什么：

☐ 世界大事或社区大事件的忧虑。(如有)请在下方说明你具体担心什么：

☐ 琐事(能否赴约、修理、日常杂事)等。(如有)请在下方说明你具体担心什么：

你的大部分忧虑是否集中在前述一个或两个生活领域？如果你没有勾选上述任何一个生活领域，那么忧虑或许不太可能成为你需要处理的问题。反过来，你勾选的生活领域越多，忧虑给你造成困扰的可能性就越大。

忧虑领域核查清单的结果将表明，你的忧虑是具体到某个领域或问题，或是涉及了许多生活领域的广泛忧虑。这张核查清单也能够帮助突出你最严重的忧虑问题。接下来，你需要通过练习评估自己的忧虑体验。在这里，你可以回顾前面的"忧虑的个人反思"清单的内容，帮助自己完成下一个练习。

练习：忧虑领域评估

下面是关于忧虑体验的七个关键陈述。回顾你在前两个练习中的答案，如果下列陈述适用于你的忧虑体验，请勾选"是"。

陈述		
1. 我在好几个生活领域中都存在忧虑。	是	否
2. 我的担忧显然是夸大了的。	是	否
3. 我的一些忧虑，关于对我来说意义不大的一些小事儿。	是	否
4. 我的忧虑基本上对解决问题或情况无益。	是	否
5. 我的很多忧虑，都集中在不是我个人造成的，且超出了我个人控制范围的问题上。	是	否
6. 经常发生的情况是，我一开始只担忧一个问题，但随后就会像撬动了多米诺骨牌一样，扩散到许多其他问题上。	是	否
7. 在回顾这些生活领域时，我才意识到自己的忧虑是过度的。	是	否

你是否认同上面表格中的大部分陈述？如是，很有可能你正在经历过度或不良的忧虑。在这种情况下，你不仅没办法解决生活中遭遇的问题，还很可能陷入无穷尽的夸张忧虑之中。这将触发你的焦虑和无助感，导致你无法正确地面对生活的逆境。

幸运的是，我们提供了一些有用的策略，可以帮助你克服过度忧虑的问题。在探讨这些策略之前，明确由现实生活的问题引起的忧虑，与不太可能发生的，甚至是全凭脑补而来的个人灾难引发的忧虑之间的区别，就变得非常重要。

忧虑的两张面孔

关于未来，我们最担心的往往是那些不可预测的、或许前所未见的，并可能给自己或亲人带来严重负面后果的问题。事实上，忧虑可以分为两种类型，第一种是"符合现实的忧虑"，它与此时此地发生的问题或出现的状况有关，并且你在某种程度上可以予以控制或施加影响。人生本来就艰难，所以你可能会因为一些非常现实的问题、困难或不确定性而发愁。利亚姆的忧虑中，有几个就是符合现实的忧虑，比如能不能在考试中拿到最高分、如何解决长期的胃痛和头痛问题，或如何提升睡眠的质量等。

对现实生活问题的担忧并不总是不良忧虑，有时候，这些担忧能够帮助我们找到解决问题的路径，督促我们采取行动。然而，对于那些长期处于忧虑中的人来说，关于生活问题的重复性消极想法是没有任何益处的，它只会导致我们解决问题的尝试遭遇失败。

第二种是"无凭无据的忧虑"，它往往聚焦在几乎不太可能发生的假想性问题上。这种忧虑也是无用的，因为它往往牵扯到那些我们几乎无法控制的、夸大的威胁。在通常情况下，这种基于想象的忧虑往往是假设性的，比如：如果我生病了怎么办？如果我没有得到工作晋升怎么办？如果我十几岁的儿子被指控酒后驾驶怎么办？因此，减轻忧虑方面采取的策略是否有效，将取决于你担心的是当前的、现实的问题，还是遥远的、假设性的问题。下面这个练习，将帮助你确定哪种类型的忧虑与你最相关。

练习：忧虑类型检查表

回顾你在"忧虑领域核查清单"上列出的忧虑。在下方的空白处写下你最常见的忧虑。

1. _____
2. _____
3. _____

下面是一份现实性忧虑与想象性忧虑的主要特征的核查清单。勾选表格中最符合你在上面列出的三种忧虑的描述。

现实性忧虑	想象性忧虑
□ 涉及当前的、现实生活中问题的忧虑。	□ 与无法回答的，或不可能发生的情况相关的忧虑。
□ 我可以对结果施加影响。	□ 我对结果可以施加的影响很小或近乎没有。
□ 我可以想到它可能带来的一系列后果，这些后果的负面影响程度各不相同。	□ 我倾向于专注于某个特定的、灾难性的后果，即使它发生的可能性极低。
□ 我可以接受（容忍）它带来的一些不确定性和风险。	□ 我全身心想的都是最坏的结果将如何发生的相关细节。
□ 我可以接受一个不完美的解决方案。	□ 解决方案必须是完美的。
□ 忧虑的主要关注点是如何解决问题，而不是减轻焦虑或苦恼情绪。	□ 其主要关注点是减轻焦虑或痛苦。
□ 我可以做出一些决定或采取一些行动来解决这个问题。	□ 对这个问题，我必须要获得一定程度的控制或确定性。
□ 我对自己处理忧虑问题的能力充满信心。	□ 我感觉无助，对自己处理忧虑问题的能力没有信心。

如果你在左栏中勾选了更多的陈述，那么你很可能是在为当前的、现实生活中的困难而忧虑。你会发现解决问题的干预措施，最适合用来处理这种类型的忧虑。如果你在右栏勾选了更多的陈述，那么你的担心是关于更遥远的、推测性的事情。灾难简化法和忧虑暴露法等干预措施，更适合用来处理这种类型的担心。

采用有效的解决问题法

要处理关于现实生活问题的忧虑，最有效的方法就是解决问题。利亚姆每周都要参加考试和完成作业，因此他需要花很多时间紧张地准备。在考试中表现不佳是一种可能发生的现实忧虑，可能会危及他进入医学院的机会。这导致利亚姆开始担心自己是否学得足够用心，是否足够了解相关的材料，以及每次考试可能会出现什么样的结果。利亚姆降低考前忧虑的一个方法，是将其视为一个需要解决的问题。解决问题法有几个步骤，完成这些步骤可以将你的心态从对结果的忧虑转变为有计划的行动。

第一步：评估个人责任和控制

想要掌控一个问题，首先要知道自己能够在多大程度上施加影响。责任是指你在制造问题方面起到的重要作用，而控制是指你在决定一个预期结果方面能够施加多大的影响。对于那些责任和控制相对适中的问题而言，解决问题的处理方法最有效。

这是因为对于我们担忧的大多数问题，我们没有绝对的责任或控制权。通常情况下，对于一个特定的问题，我们只有某些方面的责任和控制。你需要首先充分地了解你在一个问题中的立场、责任和控制之后，再考虑将解决问题的计划付诸行动。利亚姆知道他在决定教授对自己的看法上能够施加的控制力有限，但对自己的学习习惯拥有更多的控制权和责任。因此，就学习成绩而言，对自己的责任和控制力，比控制别人对他的看法要大得多。因此，对他而言，解决问题的方法应该从自身而非教授入手。下面这个练习，提供了一种评估方法，让你确定自己在担忧的现实问题方面承担多大的责任以及拥有多大的控制权。

练习：个人的责任和控制权评估

在下方的空白处，写下一个令你感到忧虑的现实生活问题。

令你感到忧虑的现实生活问题是：＿＿＿＿＿＿＿＿＿＿

接下来，用一张白纸列出与这个现实生活中的问题导致的、引发的或产生的所有相关后果。这应该包括你的所有相关行为和决定，其他人的行为和决定，以及所有的外部因素。根据下表的分类，将你的答案分为主要由你负责或控制的内容和超出你个人负责或控制范围的内容。

我应该负有责任并拥有控制权的忧虑问题的各个方面	超出了我责任和控制范围的忧虑问题的各个方面
1.	1.
2.	2.
3.	3.
4.	4.

根据你的回答，评估自己对这个问题的总体责任和控制程度是多少。在下方的横线上（责任&控制轴）画一条垂直线，表示个人责任和控制的程度。

0% 责任&控制	50% 责任&控制	100% 责任&控制

通过这个横轴，你发现在特定问题上，你能够拥有多少个人责任或控制？如果你的预估值高于50%，那么解决问题法就适用于你的忧虑。如果你的预估值低于50%，那么可以考虑跳过本节接下来的内容，这样你就可以更专注于其他的策略，比如灾难简化法和忧虑暴露法等。

第二步：定义问题

对于与忧虑相关的问题，我们必须设定现实的目标或期望的结果。很多时候，我们无法很好地解决生活中的问题，是因为我们设定了不现实的期望值。以利亚姆为例，他觉得，只要自己不觉得恶心或没感觉胃痛，就不会再因为自己的健康而感到焦虑或忧虑。但这是一个不切实际的期望，因为利亚姆几乎不可能控制胃痛的感觉。相反的，他需要将问题重新定义为"学会与恶心的感觉和胃痛共处，尽可能地减少它们对日常生活造成的困扰和干扰"。

就像利亚姆那样，你可能对与自身忧虑相关的问题有着不现实的期望，这就导致你不可能取得任何进展。与其设定不切实际的期望，不如确定一个你可以控制的过渡步骤，它将使你更接近一个比当前情况更好的结果。请参考下表的示例，表格中列出了很多容易导致忧虑的现实生活的问题,以及我们如何可以将每一个都重新定义为一个可以解决的问题。

示例#1	
现实生活中的问题:	刚刚被诊断出患有严重的慢性疾病,担心自己会过早死亡。
重新定义:	我需要学习如何改变当前的生活方式,如何与这种慢性疾病一起生活。
示例#2	
现实生活中的问题:	困在一份自己并不喜欢的工作里,担心自己永远都找不到更满意的工作。
重新定义:	我需要重新思考自己的求职策略,并改变我的书面、在线和面对面的展示。
示例#3	
现实生活中的问题:	怀疑并担心我的婚姻会因为伴侣有外遇而以离婚告终。
重新定义:	考虑如何改变我的沟通方式,以便更有效地处理夫妻间的关系。

使用下面这个练习,以更现实的方式重新定义你对生活问题的忧虑。

---------- **练习:问题的重新定义** ----------

在下方的空白处,简要地描述现实生活中最让你担心的问题和可能带来的可怕结果。

我的现实生活问题引发的忧虑:＿＿＿＿＿＿＿＿＿＿＿＿＿＿

接下来,写下你如何重新定义这个问题,重点关注你如何在自己可控的范围内采取一些决定或行动,来帮助自己取得更好的结果。在重新定义问题时,请思考以下问题。

- 我可以采取什么不同的做法,确保这将是处理这个问题的一个积极步骤?
- 此时此刻,关于这个问题我可以做些什么?
- 我怎样才能以不同的方式处理这个问题?
- 哪些东西是我可以控制的?哪些是我要学会接受的?
- 对于这个问题,更现实的目标或期望应该是什么?
- 从现在我能做的事情的角度来看,这个问题的成本和收益分别是什么?

我对这个现实生活问题的重新定义:

_____
_____
_____
_____
_____

利亚姆对他的现实生活问题的重新定义:

我无法阻止恶心和胃痛,但我可以确保自己的饮食健康,并得到适当的锻炼。每当恶心和胃痛的感觉出现时,我可以使用一些简单的方法来处理疼痛感,接受疼痛的存在,熬过这段难受的时间。我将继续保持正常的学习、正常去上课、与人交流,不管我的肠胃是正常的还是疼痛的。我知道有时候胃痛是一种常见的应激反应,来得快也去得快,我需要保持头脑的冷静,不要将其视为灾难。

关于你正在担忧的问题，你能否从一个更现实、更可信的角度来重新定义？如果你在这个练习中遇到困难，不妨请求亲密朋友、家人或专业治疗师的帮助。如果你全身心地关注自己无法控制的结果，那么就很难利用这个解决问题法来处理折磨你的忧虑。

第三步：采取行动

这个步骤要求你实施自己在上一个步骤中制定的行动方案。我建议你将行动计划中各个具体步骤的要求写出来，这就意味着需要细化到具体地说明你将在何处、何时以及如何实施行动计划的每个步骤。此外，你还可以利用下面的工作表，记录你将计划付诸行动的过程中完成的每一件事。

练习：跟踪和记录你的行动

根据你对现实生活中问题的重新定义，列出行动计划的具体步骤。如果有需要，可以用一张白纸来列出其他步骤。

步骤1：	步骤2：
步骤3：	步骤4：
步骤5：	步骤6：
步骤7：	步骤8：
步骤9：	步骤10：

接下来，记录你在日常生活中为遵循计划而采取的具体行动。

日期	为实施计划而采取的行动	行动成功/失败的具体情况

利亚姆重新定义的目标，是以一种更宽容和接纳的态度面对自己的恶心和胃痛。为了实现这一目标，他将其分解为以下具体步骤：

1. 找出刺激肠胃系统的食物，并将它们从日常饮食中移除。

2. 保持每天饮食的规律性，遵循更平衡的生活方式。

3. 不要因为对考试的担心和焦虑而不眠不休地学习。

4. 在日常活动中安排放松和享受的时段。

5. 即使在感到胃部不适的情况下，也要保持正常的日程安排。

6. 在感觉到疼痛时，运用简单的疼痛管理和重新集中注意力的策略。

7.纠正对胃痛和恶心的夸大的消极思维。

第四步：评估自己的成功

评估你在上一步骤中实施的计划是否有效也很重要。你要回顾一下"跟踪和记录你的行动"工作表的内容，以评估你在实施方面的成功程度。为此，你需要具体的指标，来了解一个行动方案是否有效。你可以问问自己：

- 我是否贯彻并实施了行动计划中的所有步骤？
- 完成有些步骤是否比其他步骤更困难？
- 我是否花了足够的时间执行计划，还是犯了拖延的毛病？
- 计划的一些步骤是否需要改变，以使其更有帮助？

利亚姆阅读了一些关于压力引发的恶心和胃痛的文章，他还写了一本食物日记，发现有些食物往往比其他食物更容易使他的肠胃感觉不舒服。此外，他还与几个朋友制订了一个定期健身计划。他制定并执行了一个更合理的学习时间表，以遏制自己在考前过度准备的冲动，并与一些以前的朋友联系，增加社交生活的频率。他每天对自己的恶心和胃痛进行评分，并注意到自己在照常进行生活的同时，能够忍受这些症状。然而，利亚姆在纠正自己对这些症状的消极思维方面遇到了困难，所以他决定向专业的认知行为治疗师寻求帮助。像利亚姆一样，你可能需要对行动计划进行一些调整，以取得更好的效果。毫无疑问，你会发现解决问题法是遏制对现实生活问题担忧的最佳策略。

消除忧虑：灾难简化法

所有的担忧，实际上都是对最坏情况的重复性思考。你想象中的灾难性结果，可能迫在眉睫，也可能是遥远的未来中一个发生概率很小的可能性，比如：我会不会英年早逝？如果没有人喜欢我怎么办？如果我的钱用完了，变得穷困潦倒怎么办？如果生命没有意义怎么办？如果我被判处下地狱怎么办？当然，这并不是说这些"想象性"的忧虑不重要，或纯属杞人忧天。它们是最坏的可能性，但它们往往是超出了我们控制范围的遥远事件。我们可以做一些事情来确保健康的生活、为退休生活提前储蓄，并培养有意义的人际关系。但这些行动并不能消除重大灾难发生的可能性，如严重的疾病、死亡或破产。由于这个原因，与解决问题法相比，灾难简化法是处理想象性担忧的一个更好的方法。这个策略有三个阶段：

第一阶段：发现灾难性事件

灾难简化法从确定你想象中的最坏情况或灾难是什么入手，因为它是造成担忧的核心因素。利亚姆想象出来的一个灾难是：因为过度压力和忧虑，他的考试分数会下降，这将导致他无法进入医学院，然后在余生里都会因此而感到挫败、没有价值和沮丧。另一个存在于他想象之中的灾难是：他担心自己在大学里因为被学业逼得太紧，以至于没有时间去社交和谈恋爱，最后只会孤独终老，依赖父母，没有朋友或有意义的人际关系。

回顾你在上文的"忧虑领域核查清单"中列出的忧虑，选择一个经常发生的、令人痛苦的、与某种遥远的、可怕的可能性有关的忧虑。把这个想象中的忧虑写在下方的空白处。

存在于我想象中的忧虑：_____

利亚姆想象中的忧虑：

我已经35岁了，过着孤独可悲的生活，没有人生目标和意义，因为我被困在一份低薪、平凡的工作中，分身乏术。我现在的生活不过是在浪费宝贵的生命，因为它充满了失败、软弱和羞耻，这都是因为我永远都没办法从考不上医学院的失败中振作起来。

导致你产生忧虑的最坏可能性结果是什么？为了清楚地了解你的忧虑中最核心的恐惧是什么，详细地写出你想象中可能发生的灾难性结果很重要。接下来的练习，将帮助你写出对心中担忧的灾难性结果的详细描述。

练习：灾难性结果叙述

在下方的空白处，写出如果灾难性的结果发生了，你的生活会变成什么样子。你的描述至少应该有半页纸的篇幅，尽量详细地说明灾难性结果发生的原因，以及它可能给你、你的家人、朋友或其他人带来的负面影响。下面这些问题，将帮助你尽可能详尽地描述这个灾难性结果。

- 在你的想象中，造成这场灾难的原因是什么？谁需要对此负责？
- 它对你的情绪、行动、社会关系、身体健康有什么消极影响？它对你的亲人有什么影响？
- 灾难发生的可能性有多大？你认为你能承受吗？
- 你想象过对灾难施加任何控制吗？你可能会尝试如何应对它？
- 如果灾难发生，你的生活将如何被破坏，或发生哪些最坏的变化？

我的灾难性结果的叙述：_____

_____

_____

_____

如果这里的空间不够用，可以另取一张白纸来继续写。如果你发现很难写出灾难性结果，或者不确定自己是否从灾难简化的角度来思考这个问题，可以向了解你的忧虑的人寻求帮助，比如你的伴侣、父母、亲密的朋友或专业的心理治疗师。灾难简化法的有效性，将取决于你能否完整而详细地描述你最害怕和担忧的灾难性结果。

第二阶段：评估灾难性事件

重复性忧虑可能导致的灾难性后果，就是导致它令人如此痛苦的原因。但这种极度悲观的想象不过是对现实问题的夸大，它假定你一定会被某种可怕的结果击倒。但研究表明，人们担忧的灾难性结果中，85%的忧虑并不像我们想象的那么糟糕。在负面的结果发生时，大多数人（79%）在应对它时，表现得比我们预期的要好得多。所以，让我们将你的灾难性思维放到显微镜下，做个详尽的测试，以期发现一个比想象中的灾难更合理、更现实的可能结果。在这个阶段，一种被称为"认知重构"的心理治疗策略，是纠正类似灾难性思维等无益思维的有效方法。

对灾难性忧虑进行认知重构，有四个要素：（1）收集支持或反对该灾难可能发生的证据；（2）评估自己应对这一灾难性后果的能力；（3）识别自己在思维方面的错误；（4）开展行为实验，在实验中对灾难性预测进行实时测试。表3.1列出了忧虑中最常见的一些思维错误。

表3.1 忧虑中常见的思维错误

错误或扭曲的思维	定义	示例
高估或夸大的威胁的后果	你的脑海中存在一种夸大的预期,总是认为最坏的结果极有可能发生,其可能性实际上远远超出了现实的合理范畴。	一旦你十几岁的儿子超过了宵禁时间还没回到家,你就认为他一定是出了车祸。
妄下结论	一旦你发现事情有些不对劲,便会断定最坏的结果一定会发生,甚至没有想过这个结果如何发生。	每当人事部要求你过去谈话,你就认为自己惹上了大麻烦。
感情用事	你总是认为,焦虑意味着最坏的结果更有可能发生。	你总是对坐飞机充满了焦虑,因此默认搭乘飞机出行非常危险。
臆测命运	关于未来,你总是做出悲观的预测,就好像你是个很灵验的算命先生。	你很担心需要做演示,因此认定自己一定会搞砸。
不成功便成仁	你以一种十分僵化、绝对的方式看待可能的威胁或安全,即要么全部都是威胁,要么万事大吉,没有中间地带。	如果夫妻间偶然争吵,意味着婚姻就要走到尽头了,只有永远相敬如宾,夫妻才能白头到老。
归咎自身	一旦糟糕的事情发生,你就会承担过多的责任,或认为自己应该负全责。	你的孩子非常难搞,于是你认为这都是你的错,因为你不是一个好"妈妈"或好"爸爸"。

例如,对于利亚姆的灾难性恐惧,即他将无法进入医学院,并在余生中成为一个悲惨的、可悲的失败者,可以采取认知重构的方法。首先,从一个证据出发,即许多有抱负的医学预科生也未能进入医学

院，利亚姆可以对他们进行一些调查。了解一个学生如果没能实现医学院的梦想，是否就注定要过上悲惨的生活，有什么证据可以论证这种灾难性的结果？是否有证据驳斥了这一灾难性结果？例如，利亚姆是否认识一些家庭成员或熟人，即使在事业上遭遇了重大挫折，依然过着非常满意的、有意义的人生？是否有证据表明，利亚姆应对失望结果的能力比预期的更强？此外，不管他是否最终成为一名医生，利亚姆还能够实现什么伟大的人生目标呢？难道利亚姆就不能够在不从事医学工作的情况下，仍然拥有一段充满爱的亲密关系？成为一个忠诚的父亲、拥有许多挚友、保持身体的健康、过上一个舒适的生活、周游世界并为所在的社区做出重大贡献？在利亚姆审视自己的灾难性思维时，他能够看到这种思维中的几处硬伤，如妄下结论、臆测命运以及"不成功便成仁"的极端思维等。

这种对灾难性思维的重新分析，可能会引导利亚姆进入另一种看待问题的视角：

充实的人生远不局限于成为一名医生。我需要更全面而广泛地看待我的未来，关注人生中所有能够贡献幸福感和提升生活满意度的事情。未能被医学院录取将是一个具有挑战性，但并非无法克服的失望。

下面这个练习提供了一张工作表，帮助你使用认知重构的方法，重新分析自己的灾难性结果叙述。

---— **练习：认知重构** ---—

阅读你的"灾难性结果叙述"的内容，以列表的形式，在下方空

白处写下表明这种最坏结果很可能发生的所有理由（证据）。接下来，写下表明最坏情况下的结果发生的可能性比你想象的要小得多的所有理由。重复这个练习，找出在最糟糕的结果发生的情况下，支持或反对你有能力应对最坏结果的证据或理由。你可以借鉴自己阅读过的任何信息、你过去的人生经验或其他人的经验。

支持和反对灾难性结果发生的可能性的证据	我个人应对灾难性结果的能力的支持&反对性证据
灾难性结果会发生的证据：	我无法应对灾难性结果的证据：
灾难性结果不会发生的证据：	我能够应对灾难性结果的证据：

列出你的灾难性思维中存在的明显思维错误（参见表3.1的内容）：

你可以做些什么，测试自己应对忧虑中那些消极方面的能力？

在完成这个练习后，你是否惊讶地发现，证明你忧虑的灾难性结果会发生的证据实际上相当薄弱？你是否夸大了它发生的可能性？是否有相当多的证据表明，你可以比想象中更好地处理最坏的结果（灾难）？认知重构是灾难简化法的最重要因素，所以请你在这个练习上花更多时间。

如果你在认知重构方面的练习和努力收获了积极的结果，你就会意识到，自己一直以来都在用错误的方式看待这些担忧，并且做出了很多错误的假设。对问题的灾难性假设，助长了失控的忧虑。因此，请花一点时间，回顾一下我们在第一章中提到的反刍思维的一些特征。你能够看出灾难性思维是如何导致反刍思维的，如何让你的忧虑变得强烈、持久和无法控制吗？解决灾难性思维的最后一个阶段，是创造一个更现实、更合理的方法，替代灾难性思维。

第三阶段：构想一个不同的可能结果

灾难性思维本质上是一种预测。充满担忧的人总是在想，我最好为灾难性结果做好准备，因为我不是什么幸运的人，它很可能会发生。但是重复的忧虑并不能带来有效的准备。如果这个灾难性结果永远不会到来，或者它在如此遥远的未来，以至于你还不如去处理更迫在眉睫的问题，那么这种担忧不过是在浪费时间和精力。为了应对灾难性的预测，你需要想出一个更有可能发生的、现实的结果，这个结果可能依然是糟糕的，但它是取代灾难性结果的一个选择。考虑到你一直忧虑的问题，想出几种可能发生的、不太积极的结果，然后选择你认为更有可能发生的结果。但要注意，不要用你最期望发生的好结果来美化这些替代性选择，这不会起到任何作用。相反地，要坚持使用一个消极的结果，但它应该介于高度期望的好结果和你能想象的最坏结果（灾难性结果）之间。下面这个练习，提供了指导方针和工作表，帮助你创造一个更合理的预期，它将符合你担忧的可能会发生的结果。

练习：一个更符合实际的预测

写出一个预测或期望，它将代表一个与你的担忧有关的，但更可能出现、更符合现实的负面结果。你可以把这个描述写在下面的空白处，也可以记录到你的手机上，方便使用。这个替代性预测应该包括以下内容：

- 预期的结果是如何发生的；哪些事件的发生导致了这个结果。
- 结果的后果是什么：它是如何立即和长期地影响你或你家庭中的其他人。
- 你是如何应对这个结果的：你做了什么来处理这个比较现实但不理想的事件。
- 你如何接受结果的不确定性：你没有被突然发生的负面事件吓倒。

我的替代性结果描述：＿＿＿＿＿＿＿＿＿＿＿＿＿＿＿＿＿

＿＿＿＿＿＿＿＿＿＿＿＿＿＿＿＿＿＿＿＿＿＿＿＿＿＿＿＿

＿＿＿＿＿＿＿＿＿＿＿＿＿＿＿＿＿＿＿＿＿＿＿＿＿＿＿＿

＿＿＿＿＿＿＿＿＿＿＿＿＿＿＿＿＿＿＿＿＿＿＿＿＿＿＿＿

＿＿＿＿＿＿＿＿＿＿＿＿＿＿＿＿＿＿＿＿＿＿＿＿＿＿＿＿

＿＿＿＿＿＿＿＿＿＿＿＿＿＿＿＿＿＿＿＿＿＿＿＿＿＿＿＿

关于一直担忧的灾难性结果，你是否很难想出一种更现实的替代方案？如果是这样，不妨参考利亚姆的例子。他总是担心自己的学习成绩下降，这将导致他无法实现成为一名医生的梦想，并最终导致他的人生变得虚度、悲惨和毫无意义。

● **利亚姆给自己选择的替代性方案：**

每个学生都面临一个不确定的未来，这是不可动摇的事实，因为未来的确是不可知的。我只能竭尽全力地努力学习，但这可能依然不够，通往医学院的大门可能会关闭，就像数百万同样遭遇了失败的年轻学子那样，我将需要好好地面对人生中的这次重大失利。我需要寻找其他方式来实现人生的目标、意义和成就感。也许我会在我最亲密和最重要的关系中找到它，或者在科学或商业领域等同样具有挑战性的职业中找到它。即使不能成为一名医生，很多人依然过上了美好的生活，反观医学界，有很多人的人生充斥不满足或压抑。我的幸福取决于比医学多得多的东西。但现在，我只能尽力而为，因为没有什么比一个人的努力更重要。未来是未知的，充满了不确定性，我别无选择，只能尽力而为，接受不确定性，即使失败了，也要学会接受失望，并从更大的角度看待人生的幸福感。

有效地使用灾难简化法

只有定期地练习，灾难简化法才能够发挥最大的效用，只做一次是不够的！每当你感到忧虑，就需要尝试灾难简化法的练习。当你获得了新信息，或产生了不同的担忧时，你需要再度练习，修改和补充你的答案。纠正灾难性思维，并不是简单地背诵关于灾难性预测的替代性叙述。相反地,你需要深入地思考和研究,为什么这些灾难性思维是不现实的,为什么替代性思维是更有可能发生的结果。请记住,在大多数情况下,我们担忧的最糟糕结果永远不会发生。

也许在完成这个练习之后,你依然被困在灾难性的思维中,尽管你已经认识到,另一种不那么糟糕的结果更有可能发生,但你却不敢放弃灾难性结果的预测。也许你仍然相信,如果你总是能够预测最糟糕的结果,就能够做好最万全的准备。如果是这样,就请你写出自己将如何应对这种极度糟糕的灾难性结果。事实上,我们中的大多数人,都比自己想象的更善于应对负面的、强压下的经历。在本书的第二章中,你已经了解到,放开对反刍思维(如忧虑等)的控制,如忧虑等,对提升自己对消极思维的控制力至关重要。本章介绍的灾难简化法,就可以帮助你放下对忧虑控制失败的执念。

忧虑暴露干预法

忧虑被很多人视为逃避我们最害怕的恐惧的一种方式。作为一个长期忧虑的人,你知道这不是一个有效的回避策略,因为你最终还是会感到焦虑不安。但正是因为这种回避功能,以一种井然有序的、有控制性的方式面对自己的忧虑,是降低忧虑频率和强度的一种非常有效的方法。下面的练习,将让你学会坦然面对自己的忧虑。

练习:忧虑的有序暴露

至少在两周内,每天安排30分钟的忧虑暴露训练,最好是在每天的固定时间进行。你需要一个安静、舒适的地方,确保不会被人打扰或打断，记得把自己的"灾难性结果叙述"放在手边，提醒自己这些忧虑为何产生。下面的训练准则，将帮助你深入地了解自己忧虑的灾难性结果。

- 一开始，先进行5分钟的缓慢、深沉、有节奏的、关注自我的呼吸，帮助你消除一天中因忧虑和繁忙事务而积累的疲惫。
- 用"灾难性结果叙述"练习中提供的方法，把担忧的问题带到你的脑海中。深入思考自己的忧虑和它可能带来的最坏结果。
- 把你的思想集中在忧虑的每一个细节上：是什么导致了想象中的灾难，你认为自己承担了什么责任，以及它对你和你的亲人的直接和长期影响。
- 注意与忧虑有关的焦虑和痛苦的感觉。当你沉浸在忧虑中时，留意你是如何使自己感觉更糟的。
- 如果你在忧虑暴露练习过程中产生了思绪游离，缓慢地把注意力拉回到忧虑的主题上。
- 30分钟后，结束忧虑暴露的沉思练习。如果你觉得自己还有更多的忧虑需要暴露，不妨留到明天再做。
- 以5分钟的放松呼吸来结束这个环节。
- 在忧虑暴露练习完成之后，去完成一些其他的活动或任务。

使用下面的工作表来记录你的"忧虑暴露训练"的质量。在表格中写下练习的日期、练习的持续时间和忧虑的内容。然后指出你在忧虑暴露过程中，对担忧的回忆有多清楚，以及你经历的平均痛苦程度。用0—10分的评分表来评价你的回忆能力，其中0分指"无法产生忧虑"，10分指"忧虑经历与你不自觉产生的忧虑相同"。用0—10分的痛苦等级评分表来评价你的平均痛苦程度，其中0分表示在练习中没有痛苦，10分表示与你不自觉经历忧虑时体会到的痛苦程度一致。

练习的日期	练习持续时长（分钟）	忧虑暴露练习过程中产生的忧虑	忧虑回忆的质量（0—10分）	感受到痛苦的平均程度（0—10分）

经过两周的忧虑暴露练习后，回顾你在上面工作表中记录的内容。你是否能够进行灾难性结果的思考，并获得相当真实的忧虑体验？你让自己忧虑的次数越多，你感受到的痛苦程度是否减轻了？大多数人发现，随着时间的推移，忧虑暴露法会令他们厌烦时刻担忧的感觉。当你有效地控制自己、强迫自己反复地思考忧虑的问题时，忧虑的经历导致的痛苦感反而会减轻。

系统性的忧虑暴露法，是另一个学会放下重复性忧虑的强大策略。如果你每天练习，你可能会在几天内就看到忧虑带来的困扰程度降低。当你在忧虑暴露练习时间之外产生了忧虑时，及时记录任何新的忧虑想法，这样你就可以把这个新材料加入忧虑暴露的训练环节中。重要的是，要提醒自己，把这些忧虑留到当天的忧虑暴露练习时间再思考。如果你在两周内反复进行忧虑暴露训练后仍然越来越焦虑和担心，请停止这种练习，并向你的心理治疗师或合格的心理健康专家咨询。

本章小结

在本章中，你学到以下内容：

- 忧虑是对负面结果发生可能性的过度关注，它往往关乎重要的人生目标或任务。
- 当我们无法容忍不确定性、不可控性、对威胁的选择性关注、对无效的控制反应的依赖、对积极和消极的忧虑信念的接受，以及失败的问题解决等问题时，担忧就成为一个严重的心理问题。
- 忧虑有两种类型：一种是聚焦于眼前的、现实的问题，另一种是聚焦于想象性的、遥远的问题。
- 对于与眼前现实问题有关的忧虑，四个步骤解决问题的策略，是最有效的干预措施之一。
- 灾难性思维是重复性的、想象性的忧虑的主要成因。运用灾难简化法，消除灾难性思维是对这种类型的忧虑最有效的一个策略。它包括识别、评估和纠正灾难性的预测，然后用更现实的、更可能发生的期望性负面结果取而代之。
- 忧虑暴露法是另一种治疗重复性忧虑的有效策略。它是一种系统的、自我控制的忧虑反思方法,可以对抗想象中的灾难性结果和对恐惧的回避。

下章内容预告

解决问题法、灾难简化法和忧虑暴露练习,都是减少对未来的、重复性消极想法或忧虑的有效策略。但未来并不是可能被消极情绪淹没的唯一时间维度。我们很容易把注意力转移到过去,对曾经发生在自己身上的事情感到后悔或懊恼。当这种情况发生时,我们就会从无情的"如果……"型的忧虑,转移到持续的"为什么"的反刍性心理问题,这就是我们下一章需要探讨的内容。

第四章

打断反刍怪圈

第四章　打断反刍怪圈

或许，你的反刍思维并不是关于未来，而是关于过去的一些失望，你可能不断地问自己，为什么它会发生在我身上？或者，为什么我的人生不能有所不同？这种对过去的无休止追问被称为反刍，它也是反刍思维的另一种常见形式。就像过度忧虑会导致焦虑一样，反刍会导致悲伤和抑郁。反刍跟忧虑很像，区别只在于反刍纠结的是过去的负面经历，而忧虑则是担心我们无法实现未来重要的人生目标和愿望。

在你的过去，是否曾发生了一些令你念念不忘的事情？是否曾有过严重的失望、损失、失败或其他困难，导致你一直想不通它为什么会发生，以及它对你的人生造成了多么严重的影响？你现在是否感到沮丧、灰心或无望？任何类型的消极体验都可能会导致我们执迷于过去的遗憾，不能放手。比如下面这些示例：

- 你的年度工作只得到了中等的评价。
- 你遭遇了一段重要人际关系的失去或破裂。
- 你被诊断出患有严重的病症。
- 你在职业发展上遭遇了重大的失败或挫折。
- 你已经感到抑郁很长一段时间了。

并不是所有的反刍都是一样的，因为它持续的时间长度和强度都可能不一样。你心里知道，沉迷于过去的失败对心理健康不利，却无法摆脱这种困境。过度沉迷于过去导致你无法专注于眼前的重要事项，将使你进一步地陷入灰心和绝望的状态。在本章中，你将学习扭转颓势的策略,帮助你解决重复性反刍的问题。

像大多数人一样,你对反刍可能只有一个常识性的理解,就日常的沟通而言,这种理解已经够用了,但要充分利用本章提供的心理康复练习和工作表,你首先需要对反刍有一个更具体、更科学的理解。因此,我们先从玛丽亚的故事开始,了解反刍与抑郁症的联系。然后,你将了解到两种类型的反刍,以及如何确定你对过去事件的执念是否符合过度反刍的标准。本章接下来的内容,提供了三种解决反刍的策略指导,它们将帮助你将注意力从过去转移到现在,从而有效地解决反刍的问题。

● 玛丽亚的故事:陷入反刍、无法脱身

玛丽亚要与反复发作的抑郁症作斗争,有时候抑郁的症状可能要持续几个月。在过去的几年里,抑郁症复发的间隔时间越来越短。医生给玛丽亚开了各种抗抑郁的药,但她从来没能彻底地摆脱抑郁症状。有几次,玛丽亚不得不申请短期的残疾救济[①]。尽管玛丽亚的事业非常成功,但人生并没有如她期望的那般展开。她曾经认真地谈过几段很长时间的恋爱,到了谈婚论嫁的程度,却最终以分手收场,这也使她心碎不已。她开始害怕在现实生活中发展恋爱关系,于是转向了网恋,但也遭遇了一些灾难性的事件。她发现很难交到朋友,于是社交生活也几乎陷入停滞状态。现在,除了工作,她几乎没有其他事情可做,大多数的晚上和周末时间都独自一人待在家里。因为不规律的饮食和缺乏运动,她还变胖了。总而言之,玛丽亚厌恶自己现在的

---

① 申请残疾救济,指因身体上或精神上的残疾而无法工作,向政府申请救济金或其他福利。——译者注

生活状态，责备自己无法振作起来。

感到抑郁时，玛丽亚经历了一连串无情的"为什么……"的责问。为什么我一直感到沮丧？为什么我就不能振作起来呢？为什么我如此懒惰，无法激励自己在周末做任何事情？为什么我没有坠入爱河？我和上一个男朋友分手是个错误吗？为什么男人不觉得我有吸引力？为什么我没有朋友？玛丽亚可能会连续几个小时沉浸在这种"为什么……"的思维恶性循环中，这使她对自己的未来感到更加沮丧、焦虑和丧失希望。关于这些"为什么"的问题，她从来没有得到过任何答案。事实上，沉浸在抑郁中的多年反思，反而令她得出了一个毁灭性的结论：她是一个软弱的、没有价值的人，不配拥有完整而有趣的人生。

两种类型的反刍

表面看来，反刍跟忧虑十分相似，两者都是消极的、重复的、不可控制的和被动的思维形式。很多人同时经历过这两种类型的消极思维，然而，二者之间存在几个重要的区别：反刍纠结于过去，通常以"为什么"的问题形式体现，并且往往与抑郁症有关。忧虑则侧重于未来，以"如果……"的问题形式体现，并且往往与焦虑有关。

就跟忧虑一样，适度的反刍也是有用的，例如，假设你正在找工作，并且刚刚结束了一场糟糕的工作面试。通过反复思考这段糟糕的经历，你有可能发现自己做错了什么，以及如何在下一次的面试中改正。这将是一种有益的反刍形式。因为它的关注点，并不是"为什么我会搞砸面试"，或者"我永远也找不到好的工作"，而是专注于如何提升面试技巧。通过有益的反刍，我们可以迅速地将重点从对过去失败的关注，转移到如何处理眼前的问题上。这种类型的反刍，能够帮助我们达成预期的个人目标，为改善当前的糟糕状况提供新的思路。在本章中，你将学会如何将过度的、不良的反刍转化为更有益的反刍。

不良反刍同样有两种类型，一种是以情绪为中心的反刍，它以抑郁情绪的诱因和后果为中心，另一种是压力反应性反刍，聚焦于生活中导致压力的事件的原因和后果。玛丽亚同时经历了两种类型的反刍。有时候，她会陷入试图搞清楚自己为什么会长期抑郁，并且这对她未来的人生意味着什么的思考中无法自拔（以情绪为中心的反刍）。其他时候，她会反刍曾经的失恋经历，纠结为什么自己很难发展和维持亲密的恋爱关系（压力反应性反刍）。如果你也存在反刍的问题，那么你大部分的时间是否都花在试图搞清楚为什么糟糕的事情会发生，或者为什么你会无法实现人生的目标上（压力反应性反刍）？又或者你会专注地思考自己感到抑郁或焦虑的原因及其后果（以情绪为中心的反刍）？不管你遭遇了什么类型的反刍，都要花点时间，完成下面的练习，因为它们将为降低反刍负面影响的三种策略打下坚实的基础。

练习：确定你的反刍问题

回忆一下你最近几次陷入反刍恶性循环的情况——表现为无休止地问"为什么"的思绪循环。这些思考中，是否存在共同的主题或问题？你是在反思自己的感受（例如，抑郁），还是在反思过去的某个压力性事件？在下方的空白处，简要地描述每个反刍的问题。

以情绪为中心的反刍的问题：

_____

_____

_____

压力反应性反刍的问题：

_____

_____

_____

你的反刍更多的是关乎抑郁的情绪，还是关于过去的一些失败？你是否存在多个导致反刍的问题？如果是，请自行使用空白纸张记下所有的问题描述。如果你只能想到一种反刍的类型，也没关系，把没有涉及的反刍类型的描述留白即可，因为有些人的确只会经历一种类型的反刍。如果你很难回忆起反刍时思考的问题，可以考虑在接下来的一周里，观察自己遭遇抑郁的时刻，写下你反复思考的内容。在你的消极想法中，你是否看到有反刍现象？如果有，是哪种类型的反刍？

反刍评估

我们在情绪低落时更容易陷入反刍。因此，确定反刍在你的抑郁情绪中是否起到了重要助燃作用，是很重要的。接下来的练习涵盖了反刍的主要特征。你将能够根据自己在下面这个评估练习中的得分，确定你的反刍的强度，以及是否存在过度反刍的问题。下面的练习中列出了20个陈述，集中评估了反刍的三个方面：重复性思考方式，令人担忧的思维，以及关于反刍的积极信念。

练习：反刍体验评估表

仔细阅读表中的每一条陈述，并在符合你的反刍信念和经历的分值栏中打钩。可以参考你在上面的练习中写下的以情绪为中心的反刍和压力反应性反刍的相关问题描述，帮助你回忆自己的反刍体验。各个分值代表的程度描述如下：

0=不符合我的反刍体验/信念的描述

1=稍微符合我的反刍体验/信念的描述

2=较为符合我的反刍体验/信念的描述

3=强烈符合我的反刍体验/信念的描述

4=完全符合我的反刍体验/信念的描述

陈述：陷入反刍时……	0	1	2	3	4
1. 我对问题进行了长时间的思考，却从来没能获得更清晰的认识或理解。					
2. 我想知道自己到底干了什么，才会遭遇这些问题或陷入这样不幸的境地。					
3. 我相信这能让我专注于自己的个人目标和价值观。					
4. 我变得严厉地苛责自己，想知道为什么自己不能更有效地处理事情。					
5. 我相信它能帮助我发现，为什么不好的事情会发生在我身上。					
6. 无论我怎么努力地想，都无法解决问题或找到解决办法。					
7. 我总是会幻想其他可能带来更好结果的情景。					

续表

陈述：陷入反刍时……	0	1	2	3	4
8. 我相信我获得了更深的意义和理解。					
9. 我做了很多美好的幻想型思考，想象着事情如何可以变得更好。					
10. 因为总有人提醒我，想清楚自己的问题是很重要的，所以我才会去反刍。					
11. 我是如此沉迷于对过去问题的思考，没有任何人或事情可以令我分心。					
12. 我经常拿自己去跟别人对比，想知道为什么我的情况总是比其他人更糟糕。					
13. 我认为反思过去能够帮助我避免在未来重蹈覆辙。					
14. 我的脑海中反复地出现同样的担忧，尤其是在我感到抑郁的时候。					
15. 我总是认为，在彻底地了解过去的错误和失败之前，我不可能实现任何的改进或提高。					
16. 我总是做白日梦，想象着过去的糟糕事情如何才能够扭转为我想要的美好结果。					
17. 我坚定地相信，我必须了解是什么导致了我的抑郁症或情绪层面的其他问题。					
18. 我的思想，在一段时间内被过去的事情占据了。					
19. 我认为反刍能够帮助我找到解决问题的更好办法。					
20. 我想知道，面临人生的困境和不如意时，为什么看起来如此软弱无能。					

这张反刍体验评分量表的得分范围是0分到80分，考虑到这个量表仅为这本书的练习而设计，所以我并没有设定一个用来区分过度反

刍和正常反刍的分界分数线。但是，整体的评判规则是，你的分数越高，就越有可能正在经历过度反刍。如果你的总得分在60分或以上，那么过度反刍就很可能是令你感到痛苦的重要原因。

反刍的具体内容，将取决于每个人不同的性格和人生际遇。那么，你对自己的反刍有什么了解？你经历了更多的以情绪为中心的反刍，还是更多的压力反应性反刍？又或者是二者的某种形式的组合？你在反刍体验评分量表上的得分超过了60分吗？如果是，你会发现，接下来这些帮助减少反刍的策略，对涉及抑郁情绪或一些过往的情绪问题的重复性思考很有用。如果你在量表上的得分低于60分，那么本章接下来的内容，同样可以帮助你以更有益的方式反刍。无论你的反刍评分量表总分是多少，你都已经在更好地了解自己的反刍方式上迈出了重要的一步。现在，你已经做好了准备，利用这些知识，改变你对过去的消极思考方式。

重新思考错失的人生目标

我们人生中最重要的是那些提供情感保障、安全和确定性的目标。当我们实现这些目标的能力被破坏时，我们可能会陷入反刍，反复纠结着想要知道哪里出了错。我们都曾以不同的方式，有过类似的经历。或许财务安全对你而言很重要，但后来由于某种原因，你的储蓄和投资遭遇了严重打击；或者你很重视家庭和恋爱关系，但后来婚姻出现了问题，发现自己与配偶和孩子们都疏远了；或者你一直很自律地坚持健康的生活方式，却突然间被诊断出患有严重的疾病。这些都是人生目标和愿望被打乱的常见例子，导致我们在当前的状态和期望的结果之间产生了差距。

在梦想破灭时,我们的注意力往往转向自我,试图从自己身上找到出错的原因。这个方法可以是健康的,前提是它能够让你放下过去,从容地面对当前面临的负面后果。然而,反刍往往沦落为一种软弱无力的应对策略,令你执着于找回已经错失的目标。如果你陷入不健康的反刍,你可能会认为,反刍能帮你找到人生失败或生活不幸的原因。你可能会这样想:如果我能找出造成这个问题的原因,那么我就能找到一个解决方案,让我的人生变得更美好。然而,关于过去的重复性思考,很难带来伟大的人生启示。相反地,它阻碍了我们有效地处理历史遗留问题的能力。然后,在我们意识到这一点之前,我们就已经陷入一个看不到尽头的恶性心理循环。

陷入反刍的时候,你是否发现自己在一遍又一遍地重复想着同样的事情?或许你一直不停地问自己,这些事情为什么会发生在我身上?我哪里做错了?又或者你会一直想,自己的人生到底是怎么被毁掉的。我们可能会因为过度执着于反刍,以至于忘了我们具体失去了什么,即那些我们曾经渴望,却因为过去的困难,而无法获得的东西。要打破反刍的恶性循环,首先要重新发现你错过的东西:你曾想实现什么目标,但由于过去的失望或困难,现在无法实现?接下来的练习,将帮助你找出你曾经错失的目标,因为是它们导致你陷入无尽的反刍,并更广泛地思考你未能实现这些目标的原因。

练习:找出错失的目标

回忆一个令你陷入反刍的未实现目标或未满足的需求,它可以是你想要实现，但没有实现的目标，也许是不再得到重视的人际关系，也许是因为疾病或伤痛而失去的健康等。如果你发现很难确定一个导致反刍的错失目标，请回顾你在上一个练习中写下的反刍问题。牢记这些反刍关注的问题，尽可能详尽地回答下面的问题：

- 这个失败或未达成的目标，对你的整体幸福感和生活满意度有多大影响？如果它永远无法实现，你还能恢复一定程度的生活满意度吗？如果可以，假设你永远都无法实现这个目标，你的人生会变成什么样子？这样的人生，与你最初想象的人生有何不同？

- 这个目标的失败，是暂时性的，还是永久的？

- 无法实现这个目标，对你、你的家人或其他人有什么后果？

你是否能够确定自己遭遇的反刍是由什么未实现的目标或愿望导致？有时候，因为过去的负面经历而无法实现的目标是显而易见的。对玛丽亚而言，她很容易就能发现，拥有一段令人满意的恋爱关系，是她人生中一个未实现的重要目标，因此导致了她的反刍。在她看来，一个充满爱的伴侣，是幸福人生的必要条件。但是，玛丽亚有没有可能夸大了单身的负面影响？

一个单身的人就真的不能拥有幸福的人生吗？陷入反刍时，你是否跟玛丽亚一样，一直在夸大某个未实现人生目标的消极影响？此外，你可能认为它的负面影响是永久的，将伴随终生，但是否有可能，这样一个未实现目标对生活满意度的影响，会随着时间的推移而减弱呢？

你在这个练习中遇到困难，是否因为未实现或未达到的目标本身就不够明确？玛丽亚也在反思自己的抑郁症状，但这个反思背后的未实现目标却更难以看清。因此，玛丽亚也可以从本章的第一个练习开始，问问自己："抑郁和生活满意度之间有什么联系？"借此确定未实现的目标到底是什么。如果你也能够提问自己同样的问题，未得到满足的目标就更容易被发现。玛丽亚认为，只要自己的抑郁症状一直存在，她就不可能获得高质量的生活。毕竟，抑郁的生活和没有抑郁的生活是截然不同的，玛丽亚可以轻松地列出抑郁症导致她的希望和梦想破灭的无数种方式。在回答上文的第二个问题时，玛丽亚认为，因为常年深陷抑郁之中，她所期望的人生已经永远地失去了。未能战胜抑郁症的后果，影响了她人生的方方面面，从人际关系到工作，再到她的核心自我价值感。她将抑郁症视为小偷，偷走了她所珍视的梦想和生活满意度，这个想法进一步助长了玛丽亚对抑郁症的反刍倾向。

战胜反刍的唯一方法，就是改变自己对过去失败经历的思考方式。首先要了解这些负面经历是如何影响到你的生活的，然后确定它们的负面影响是否像你一直以来认定的那么糟糕。像玛丽亚一样，你可能会认为，没有实现预期的人生目标已经破坏了你拥有任何幸福的能力，无论是伟大的或微小的幸福。但这种思维，只会强化反刍，导致你无法走出过去的阴影及其带来的负面影响。

这就将我们引向减轻反刍不利影响的下一步骤操作。重要的是，你要深入地思考反刍本身，以及经年累月对反刍的重复性思考是否给你带来了任何好处。你是否通过反刍更靠近了幸福的人生？反刍是否帮助你缩小期望的人生和实际发生的事情之间的差距？下面这个练习，将帮助你更全面地审视这些问题。

练习：反刍带来的洞察力

在接下来的几天里，每天留出30分钟来反刍。

第一部分： 回想一下你最近两三次严重陷入反刍情绪的经历。用一张白纸写下反刍发作的时间和地点，以及你当时在想什么。将这些内容落到纸面，能使你对反刍经历的记忆更加清晰。接下来，思考一下，成为反刍重点的未达成或未实现的目标（见上一个练习）和你多多少少实现了一些的目标之间的区别。请将你的答案写在下方的空白处。

我对自己的期望（未实现的目标）：

_____

_____

我目前的情况（目标实现的程度）：

_____

_____

第二部分： 在第一部分中，你确定了自己期望的目标或结果与你实际达成的目标或结果之间的差距，接下来，通过回答下面的问题，思考一下反刍是否帮助你理解了为什么自己没有实现目标。

1. 没有实现目标的原因，在多大程度上是由你自己的行为或决定导致的？列出你做过的破坏目标达成的所有事情。如果数量超过了四个，请额外用一张白纸列出其他原因。

(1)_____
(2)_____
(3)_____
(4)_____

2. 如果原因在其他人身上，那么，没有达成你的目标多大程度上是由他人的行为或决定导致的？列出他们为破坏你的目标而做的所有事情。

(1)_____
(2)_____
(3)_____
(4)_____

3. 有没有可能是因为偶然的原因？没有实现你的目标在多大程度上是因为不可抗拒的外部因素，比如纯粹的运气不好？请在下方的空白处，列出你遭遇的不幸事件。

(1)_____
(2)_____
(3)_____
(4)_____

第三部分：通过第一部分和第二部分的练习，你对过去的消极经历是如何干扰预期目标的实现有了更深的了解。利用这种全新的理解，列出你现在可以做什么，以便在实现预期目标方面取得一些进展。

(1)_____
(2)_____

（3）_____

（4）_____

如果你对经历过的反刍事件没有清晰的回忆，完成这个练习会很困难。如果你遇到了问题，可以考虑在接下来的一两周内，记录两到三次反刍的经历，然后根据记录的内容完成这个练习。

通过回答这些练习提出的问题，你对未实现的目标的成因和解决方案有了新的理解。将这些新见解，与你从长期的反刍中获得的信息进行比较。这些练习是否给你带来了任何新的解决方案？你现在是否能够认识到，反刍是没有用的？心理学家对反刍的研究结果也支持了这个结论。研究结果证明，反刍是一种糟糕的应对策略，因为它将我们的注意力锁定在自身的想法和感觉上，而不是引导我们关注更符合现实的解决问题的机会。

陷入反刍时，我们很少想到负面的经历是如何阻碍了重要的人生目标的实现。通过完成上面的"发现"和"洞察"练习，你已经在转变思维方式、摆脱反刍方面迈出了重要一步。这些练习将使你更加明显地意识到，反刍不会帮助你在实现预期目标或拥有快乐的人生方面取得任何实质性的进展。现在，是时候考虑改变目标或改变你实现目标的方式了，或许你需要同时做到这两点，就像玛丽亚一样。她既需要将自己的人生目标，从寻找真爱，转变为在成为一名单身的中年职业女性时，最大限度地收获人生的幸福，同时她还需要一个更强调行动的方法，比如积极社交，拓展人际关系网络，以及丰富休闲和娱乐活动等。如果这些变化能带来更多的约会机会，这将是一个额外的收获。有了这种新方法，玛丽亚会发现自己陷入反刍的频率降低了，因为她会花更少的时间独自思考，为什么她仍然是单身。相反的，她会花更多时间去找到成为一个快乐而幸福的单身女性的方式。就像玛丽亚一样，你是否需要一个不同的方法，来追求那些未实现或未达成的目标？

在工作、家庭、人际关系、健康、邻里关系、精神健康等方面，每个人都有具体生活目标。但每个人的具体目标，与追求幸福、成就感和生活满意度的基本努力有关。陷入反刍时，我们往往会忽略我们对幸福的渴望，这是我们在陷入反刍时很容易忽视的最终目标。因此，本节的最后一个练习，要求你重新思考，如何采取不同的方法，使自己在经历过无数的失望和失败后，依然收获最大程度的生活满意度（幸福感）。

练习：制订新的目标行动计划

在上一个练习的基础上，尝试制订一个行动计划，帮助你缩小理想目标和现状之间的差距。与其把注意力集中在你过去没能实现的某个特定目标上，不如接受现实，即这个目标不能以你最初期望的方式实现。因此，在这个练习中，描述在某个特定的目标之外，你还可以做些什么，对你的生活满意度施加积极的影响。请具体地描述你需要做什么，以及何时、何地、多久做一次。你可以参考上一章"解决问题法"部分的论述，帮助你完成这部分的练习。

在这里写出的行动计划,应该列出能够提升生活满意度的具体决策和行动。你在本节中完成的练习,是为了引导你制订一个备选的行动计划。如果你在经历了失败之后,很难想到变得更快乐的方法,请向你的心理治疗师、配偶或亲密的朋友寻求帮助。写下新的行动计划之后,更重要的是实施这个计划,因为没有实际行动的计划,不过是一场空谈。一旦你能够全身心地投入这个全新计划的实施,就能够采取行动,抵制反刍的倾向,减轻它对你人生目标的破坏性影响。但改变你看待和处理未实现目标的方式,并不是减少反刍的唯一方法,在接下来的内容中,我们将介绍帮助你转变思维方式的其他策略。

从"为什么"转变为"如何做"

你是否注意到,当你陷入反刍的时候,会问很多"为什么"的问题:为什么这一切又发生在我身上?为什么我的人生一直没有变得更好?为什么是我受到了惩罚?为什么我总是失败?

反刍就意味着你会一直追问,为什么坏事会发生在我们身上,它们有什么后果,以及这一切意味着什么。因此,减少反刍的另一个方法,是用"如何做"的思维取代"为什么"的思维。这并不会令人惊讶,原因是"为什么"的问题让我们停留在反刍中,而"如何做"的思维则将我们从过去的重复思考中解放出来。通过前文的练习,你应该已经了解到,反复地追究事情发生的原因,很少能带来新的理解,或帮助解决已经存在的困难,这也是为什么我们反刍后只会感到更加苦恼和沮丧。

英国心理学家爱德华·沃特金斯提供了一种治疗反刍的方法,重点是将反刍过程中提出的抽象的"为什么"问题转向具体的"如何

做"。在他提出的这个方法中,有三个关键步骤:

1. 知道你什么时候陷入了"为什么"的思考模式。
2. 用相应的"如何做"问题取代"为什么"问题。
3. 练习在反刍期间从"为什么"转变为"如何做"。

我们将通过练习,完成这三个步骤的操作。首先,我们从一个练习开始,提高你对自己何时陷入"为什么"思维的认识。

练习:提升对"为什么"问题的意识

回顾你在前面练习中提供的信息,你能找出一些在你的反刍中发现的共同主题吗?它们往往与原因、后果或意义有关。与这些主题相关的、最常见的"为什么"问题是什么?把你的"为什么"问题,按照下面的分类,写到各自类别下方的空白处。

1. 导致反刍关注的原因(列出你对消极经历发生的原因提出的"为什么"问题)

(1)_____

(2)_____

(3)_____

2. 反刍关注带来的后果(列出所有的"如果……"问题,思考这些已经发生的负面经历带来的消极影响,以及如果某些事情没有发生,变得更好的情况将是怎么样的)

(1)_____

(2)_____

(3)_____

3. 反刍关注的意义（列举这些消极的经验对你的重要性，或产生意义的方式）

（1）_____
（2）_____
（3）_____

玛丽亚对抑郁症的反刍，说明了这个练习可以引导你更多地意识到"为什么"问题的存在。在回想自己的反刍体验时，玛丽亚回忆起很多关于抑郁症诱因的"为什么"问题，例如：为什么我会一直抑郁缠身？是因为我的性格中存在某些缺陷吗？为什么我不能把自己从这些抑郁症中拉出来？为什么我总是感觉那么累，没有任何做事的动力？然后，她列出了在反刍过程中充斥在她脑海中的所有"如果……"问题，例如：如果这次抑郁症发作与以前不同，而我永远都无法走出来怎么办？如果我因为抑郁症而失去工作怎么办？如果每个人都抛弃了我，因为我是个令人扫兴的人，怎么办？最后，她更深入地反思了对于一个容易患抑郁症的人而言，什么才是最重要的。她脑海中想的是：也许这证明我是一个软弱的人；也许这是我受到的惩罚，因为我没有对他人表达更多的同情和关怀；或者这是因为我如此自私而应得的结局。通过完成这个练习，玛丽亚可以更清楚地认识到"为什么"问题在助长她的反刍中发挥了重要作用。在完成这个练习时，你也有同样的发现吗？当你陷入反刍的时候，你脑海中出现的"为什么"问题是一个主要的主题吗？

下一步是用更具体的、推动行动的"如何做"陈述，来取代反刍过程中的"为什么"问题。这就要求你确定曾经发生的负面经历带来的具体的、现实生活中的个人影响，然后制订一个行动计划，使你在当下能够向前迈进，而不是停留在对过去的无尽反刍之中无法自拔。在尝试这种从"为什么"到"如何做"的转变时，有两个问题具有至关重要的意义：这事怎么发生的？以及我能对它做点什么？

练习：用"如何做"取代"为什么"

回顾你在上一个练习中写下的答案，用下面的三步骤操作法，把所有的"为什么"问题都替换成"如何做"的陈述。

第一步： 写下导致你现在反刍的负面经历的具体事件的发生顺序。在这个过程中，不要指责或下定论。相反，要尽可能客观、准确地描述导致消极经历的实际情况。

_____

_____

第二步： 列出一些你可以采取的行动和决定，以便你更好地控制反刍性关注的负面影响。这些调整应该减少它对你或他人的负面影响。这将成为你的行动计划，其中列出了你可以采取的明确步骤，以更有建设性的方式处理这个问题。

_____

_____

第三步： 以更具体的方式，写下你将如何换个角度理解过去的负面经验，请避免过度概括或夸大其重要性。把反刍的关注点，看作是一种不连续的、有时间限制的、特定情况的经历，而不是你生活中的一个决定性时刻。

_____

_____

_____

你是否能够用解决问题的"如何做"问题取代反刍过程中出现的"为什么"思维？如果你花了很长时间反刍过去的负面事件，或者陷入对抑郁症的循环思考，就很难从"为什么"的问题思维转移到更有建设性的"如何做"的思维。你可能要花更多的时间来做这个练习，因为这是打断反刍恶性循环的一个关键策略。如果你在经过一轮新的反刍后，回过头再修改你在这些练习中的答案，将会更有帮助。

当玛丽亚陷入对抑郁症的反刍时，她被困在了"为什么"思考的模式之中。为了将其转化为更具建设性的思考，她的思考需要集中在"如何"更有效地处理她的抑郁症上。在完成第一步的练习时，玛丽亚可以列出导致她的抑郁症恶化的几件事：

当我连续几天都感到抑郁时，不管是在公司还是在家里，我都会刻意躲开其他人。

我陷入了疯狂追剧和暴饮暴食的状态，直到我觉得恶心难受。

我拖延了重要的工作任务。

玛丽亚在第二步的练习，帮助她用一个更关注解决问题的计划，取代她对抑郁症的夸张的、自责的反刍。她可以采取几个具体步骤来减少抑郁症的负面影响，比如：

安排好与家人和朋友的社交活动，并寻找机会与工作伙伴交谈，尤其是在感到抑郁的时候。

安排每周与朋友一起锻炼三到四次。

努力更新她的网上约会资料。

玛丽亚在第三步的任务，应该是聚焦于她的错误信念，即抑郁是软弱、自怜和自我价值低的表现，这些错误的信念使她很难有其他的看法，但她可以通过阅读有关抑郁症的书籍，以及与朋友和家人谈论抑郁症的含义，来改变这种看法。这可以带来几种理解抑郁症的不同方式，例如：

无论我是否曾在某些时候感到抑郁，从很多方面来看，我都是一个坚强和足智多谋的人。

抑郁总是有时间限制的，所以我不抑郁的时间一定远远多于抑郁的时间。

和其他慢性疾病一样，抑郁症也是一种可以控制的疾病。

从这个练习中，你已经学会了如何将思维从"为什么"转变为"如何做"。你意识到，从反刍导致的无能为力的状态，转变为你在第二步中制订的具体行动计划非常重要。但现在，你需要多多练习新的"如何做"的思考方式。下面这个练习介绍了一个"从为什么到如何做"的行为实验，你可以用它来练习，如何将自己的思维从"为什么"的反刍思考模式转变为"如何做"的思考模式。

练习：如何在陷入反刍时转换思维

专门留出一段时间，有意识地进行20到30分钟的反刍思考。选择一个安静、舒适、没有干扰的地方。在练习过程中，你可能需要复习上文论述的"为什么"问题意识和"用如何做代替为什么"的工作表。请按照以下步骤练习思维的转换。

1. 刚开始的5分钟用来集中注意力，放松身心。你可以通过练习缓慢而自然的深呼吸来做到这一点。专注于深呼吸时身体的感觉，当你的思绪飘忽不定时，轻轻地把它拉回到放松呼吸的身体感觉上。

2. 接下来，回想你经历的主要反刍问题，并深入思考3到5分钟。如果反刍涉及曾发生过的痛苦事件，想象自己重温那段经历。如果你反刍的对象是抑郁，想象你最抑郁的一天是什么感觉。

3. 现在，你已经完全投入到反刍的反思当中，回顾你在"提升对'为什么'问题的意识"的练习中列出的反刍关注发生的原因。想象这些"原因"正真实地发生在你身上。一旦这些原因完全浮现在你的脑海中，就利用"用'如何做'取代'为什么'"练习的第一步中列出的方法，把注意力转移到事情是如何发生的。花更多的时间想象实际发生了什么，从而导致负面体验的具体细节。在"如何做"的思维上停留5到7分钟。

4. 重复上一步，但这次要想象"提升对'为什么'问题的意识"练习第二部分中的反刍问题造成的后果，以及你在"用'如何做'取代'为什么'"练习第二步中写到的如何减少这些后果的方法。请再次尽可能详细、真实地描绘画面，尤其要注意所有可以减少触发反刍的经历的负面影响的方法。

5. 针对你对反刍关注的解释或理解，重复本练习的步骤3。首先深入思考你在"提升对'为什么'问题的意识"练习的第三部分中列出的错误解释，然后想象你在"用'如何做'取代'为什么'"练习的第三步中产生的更合理、更现实的解释。确保你花在想象更合理解释上的时间是想象错误解释的一倍。

使用下面的工作表记录你的思维转换过程。每次进行思维转换时，在第二栏打钩。在第三栏中，评定思维转换练习的总体成功率。用0—10的分数区间来表示，0代表完全不成功，或者是完全浪费时间；10代表非常成功，你能够轻松地从"为什么"转换到"如何做"。请你反复进行这个练习，所以请复制空白工作表。

日期	完成了持续20分钟的思维转换练习	每次思维转换练习的成功率评价（0—10分）	出现任何的问题（如有，请在下栏记录）
周一			
周二			
周三			
周四			
周五			
周六			
周日			

思维转换的效果取决于你练习的强度，如果你能够反复练习，你就会越来越熟练地将思维从"为什么"转变为"如何做"。做这项练习时，要对自己有耐心。你正在学习一种新的但很难掌握的心理技

巧，一旦你掌握了它，它就能有效地打断你的反刍。在多次尝试思维转换后，请注意你在上表最后一栏中列出的任何问题，并思考如何通过解决这些问题，提升练习的效果。

"如何在陷入反刍时转换思维"练习的目的，是引导你以一种更有成效的方式，来思考过去经历的失败和困难，因为它们会引发反刍。但同样重要的是将这种新的思维方式付诸实践。通过这个过程，你会发现应对反刍的负面影响的新方法，从而加强"如何做"的思考模式。对于玛丽亚来说，这意味着要以不同的方式来面对感到抑郁的日子。她可以做的事情有很多，比如安排与朋友和家人的社交活动、坚持锻炼、定时进餐、安排令自己身心愉悦的活动、与同事交谈。如果能在行为上做出真正的改变，你会发现思维转换能更有效地打断反刍的恶性循环。

从"向内"转为"向外"

反刍的问题在于我们被困在脑海里的负面情绪之中，前面给出的几个练习，就是为了帮助你解决反刍的问题，鼓励你重新集中精力，解决此时此地的问题。然而，仅仅改变思维方式是不够的，要想真正地战胜反刍，我们还必须切实地改变自己的行为。这意味着要从"向内"关注"我在想什么"，转变为"向外"关注"我能做些什么"。

当我们全神贯注于某项活动时，我们会体验到深度参与和全身心专注于手头任务的感觉。全神贯注于一项活动，会让我们失去时间感。运动员可能会全神贯注地投入比赛，以至于在比赛结束前，根本察觉不到身体的轻伤。你能回忆起过去专注或全神贯注于某项活动的经历吗？可以是音乐、表演、运动、阅读、写作、爱好、学习或工作的某些活动，你还记得那种全神贯注的感觉吗？

投入一种全神贯注的体验中，是打断反刍的一种非常有效的方法。因为一项引人入胜的任务会耗费我们所有的注意力，使我们没有多余的注意力用于反刍。当然，一项平凡或重复性的任务耗费的注意力较少，因此会有大量的注意力资源留给反刍。这就是为什么我们需要参与一项能吸引我们全部注意力的活动——一项真正令人全神贯注的活动。考虑到这种注意力的投入往往是自发性的，如果我们希望通过全身心地参与其他活动来对抗反刍，就需要学会更有效地运用这个策略。下面这个练习，将帮助你找到哪些活动可以作为吸引注意力的活动，进而有效地打断反刍。

练习：吸引注意力的行为

列出一份你喜欢的活动清单，这些活动对你的注意力要求很高，以至于在你从事这些活动时，它们会完全占据你的身心。试着列出10到15项你可以独自完成的活动，并且它们不需要太多的金钱，也无须精心规划，业余爱好、锻炼、运动、娱乐、休闲、艺术和其他创造性活动都属于此类，它们都能充分吸引你的注意力，使你获得全神贯注的体验。使用下面的工作表来列出你参与的活动，并按0—10分来评定你在该活动中的投入程度，其中0分代表没有投入，10分代表完全投入。

活动	吸引注意力的 预期程度 （0分—10分）
1.	
2.	
3.	
4.	
5.	
6.	
7.	
8.	
9.	
10.	
11.	
12.	
13.	
14.	
15.	

列出这些能够吸引你注意力的活动清单后，在吸引注意力评分最高的前五项活动旁边打上星号，这五项活动既是你最喜欢做的，也是最实用的。当你陷入反刍时，参与其中一项活动，充分地倾注你的注意力。请注意，参与任何活动的频率都要有所变化，这样你才不会感到无聊和无趣，避免这些活动转移你反刍注意力的能力被削弱。

当我们陷入沉思时，反刍就会变得频繁而强烈。通过活动吸引注意力的练习的目的，是让我们走出反刍的思维怪圈，更多地参与到周围的外部世界中，从而彻底地忘记反刍。改变我们对曾经历过的困难的思考方式，重新关注眼前的挑战和机遇，是打破反刍习惯的有力工具。

本章小结

在本章中，你已经学到以下内容：

- 反刍有两种类型：一种集中在抑郁情绪的原因和后果上，另一种则集中在为什么糟糕的事情会发生，进而导致重要的人生目标和愿望破灭上。
- 作为反刍思维的一种常见形式，反刍包括导致目标失败和泛化的抽象思维方式。虽然反刍与忧虑很相似，但反刍的重点是对过去的失望，这使其成为一种不同于忧虑的反刍思维。
- 要理解反刍，最重要的两个因素是，它对过去的事件的强调，以及试图找出糟糕事件会发生的前因后果的执念。
- 改变你对过去未能实现的目标的思考方式，转而思考如何才能在当下取得一些进展。
- 学会转换思维方式，从反刍"为什么"的问题转变为指导行动规划的"如何做"的实际问题。
- 专注于一项有吸引力的活动，而不是徒劳无功地执迷于寻找一个答案。这些活动能让你跳出自己的思维定式。

下章内容预告

要打破反刍的怪圈并不容易,尤其是当你被确诊患有抑郁症时,此外,实践本章介绍的策略需要时间。如果你已经完成了本章中的所有练习,但仍深陷反刍,请考虑与心理健康专业人士一起回顾你的努力,找出可以继续改进的地方。同样,患有重度抑郁症的人,也需要心理治疗师的指导和支持,才能从本章中获得最大的好处。

当坏事发生在好人身上时,陷入反刍是一种常见的反应。当我们反刍这些过去的失败和失望时,我们可能会因为错失良机而陷入自责和内疚。这就引出了另一种关于过去的反刍,即"悔恨情绪",这将是本书下一章的主题。

第五章

战胜悔恨情绪

第五章 战胜悔恨情绪

日常生活中的每时每刻，我们都要做出各种各样的决定，有些决定是微不足道的，比如早上是不是要在床上多赖5分钟，午餐吃什么；或者要看哪部电影；而有些决定可能是重大的，具有深远的影响，比如选择什么职业、人生伴侣、在哪里定居，或者是否听从医生的建议，接受重大的手术治疗，等等。所有这些或大或小的决定，必然带来一定的结果。当结果是积极的时候，我们会因为做出了正确的决定而欢欣鼓舞；而当这些决定导致了糟糕的后果时，我们往往会因此感到后悔。决定越是重要，在犯错的情况下，产生的悔恨情绪就越严重。有趣的是，人人往往会因为错失本可以获得的东西（比如，真希望我选择了不同的人生道路），而不是因为犯下一些严重的错误而感到持续的后悔。当我们做出的决定或采取的行动对我们的生活产生了重大负面影响时，我们所感受到的负面情绪就是悔恨。

本章论述的主题就是悔恨情绪，我们似乎很熟悉这种情绪，但在很多方面，它比恐惧或悲伤更神秘。因此，首先了解悔恨为什么令人如此痛苦的关键特征，以及重复性的悔恨思维如何加重了抑郁、内疚和自责等情绪，就显得尤为重要。本章将为你提供数个工作表，帮助你评估经历过的悔恨情绪，以及相关的反刍思维方式。此外，本章还将向你展示如何使用两种有效的策略，帮助你走出悔恨情绪的思维怪圈。

● 艾米丽的故事：充满悔恨的人生

在其他人看来，艾米丽拥有一个完美的人生，她的童年几乎就像童话故事描述的那样美好，她出生在一个富裕的家庭，父母非常爱孩子，她还有一个值得崇拜的姐姐，无数志同道合的玩伴，这让她的日子总是充满乐趣和冒险。这种美好的生活一直持续到艾米丽上高中。在高中里，艾米丽也被认为是最受欢迎的女孩，她似乎拥有别人梦寐以求的一切：美丽、聪明、善于交际、充满活力、自信和幽默。当艾米丽第一次进入大学时，所有这些充满希望的未来和乐观情绪仍在继续。但是，她的人生转折在大学的第二年出现，自此她的人生走上了下坡路。现在，15年过去了，艾米丽的生活好像并没有变得更好。她已经结婚了，生了两个孩子，都已经到了上学的年纪。她没有全职的工作，做着一份收入低微的兼职，住在远离家人和朋友的郊区，陷在一段早已失去了爱情、一潭死水一般的婚姻中。在过去的五年里，她一直在服用抗抑郁药，治疗她的家庭医生判断，她患上了临床抑郁症[①]。

在艾米丽回顾过去的人生时，内心满是悔恨，她后悔自己做出了不完成本科学位学习，去找了一份工作，只为了挣钱支持丈夫读完法学院的错误决定。然后，她因为与现任丈夫偷情，而与初恋情人分手了，现在她开始怀疑自己是不是选错了人。但在她的丈夫决定接受前往一个遥远城市的律师事务所工作的邀请时，艾米丽没有反对，尽管她现在十分讨厌搬过来居住的城市。当她的丈夫要求她在老大还小的时候生二胎，理由是两个孩子年龄相近更好时，艾米丽也同意怀孕生

[①] 一种严重的心理障碍，表现为持续的低落情绪、兴趣丧失、精力减退等症状，可能需要专业治疗。——译者注

老二，尽管光是照顾老大已经令她感到不堪重负了。在绝望的时候，艾米丽总是会回想所有这些错误的人生决定，并幻想如果她能够坚持读完大学，追求属于自己的职业理想，与初恋情人结婚，或者甚至坚持不要搬家到距离家人和朋友那么远的城市，她的生活会不会完全不一样。而所有这些幻想，只会令艾米丽眼前的现实看起来更糟糕。这给她留下了深刻的失望、自责和无望的感觉。她把自己的生活搞得一团糟，而现在她正在付出代价。

艾米丽的故事会令你感同身受吗？你是否也曾经做过出一些重要的人生决定，而现在你心中因此而充满了悔恨、失望和自责，因为事后看来，你做错了选择？如果是这样，悔恨情绪可能是造成你的情绪问题的重要因素。尽管后悔并不少见，但大多数人并不真正地理解这种反复纠缠于过去的重复性思考方式的危害。因此，让我们先从了解悔恨情绪是什么开始。

揭开悔恨情绪的面纱："本应该"和"本可以"思维

悔恨，从字面上理解，就是对自己的后悔情绪。做出某个特定的个人选择，往往意味着我们要放弃其他的选择，等到后来，我们意识到另一种选择可能会带来更理想的结果时，我们就会因为最初错误的选择而感到后悔。换句话说，悔恨指的是我们认为自己本应该以不同的方式去做某件事。尤其是当我们目前的情况不尽如人意时，我们最有可能产生悔恨情绪，并且认为自己要承担未能做出不同的决定，从而获得更理想结果的责任。例如，艾米丽在进入大学二年级时决定辍学去工作，只为了挣钱支持现在的丈夫完成法学院的学习。她现在对这个决定充满了悔恨，认为继续完成自己的学业能够让她找到一份好工作，而不是像现在这样，常年从事一份收入微薄的兼职工作。

悔恨情绪并不总是一件坏事，如果它能够促使我们采取不同的行动，避免陷入过度的自责中，它就是有用的坏情绪。然而，当过去的决定或行动导致了一个非常糟糕的结果时，自责可能会变得非常强烈，以至于我们无法承受。当悔恨情绪变得无法控制，我们可能就会陷入悔恨思维的重复性循环中无法自拔。当后悔变得过度时，我们可能会反复地陷入自我责备的状态，因为我们本可以做出不同的选择，收获更好的结果。我们可以将其称为"本应该，或本可以"的思维，其特点是认为我本应该做出不同的决定，从而带来不同的行动过程和更好的结果。

在悔恨思维变得重复时，它看起来跟上一章讨论的反刍十分类似，这两种类型的思维都是极度消极的、强调过去经历的、牵涉严重自责情绪的思维方式。如果你正在与持续的抑郁、内疚、焦虑或更常见的负面情绪作斗争，请想一想反刍和悔恨的思维是不是造成痛苦的重要因素。

大多数人的人生中充满了各种各样值得悔恨的机会，民主国家对个人的权利和自由的保障，意味着我们能自由地选择和决定人生中大多数的事情，因此我们每个人都有足够的空间，决定自己的人生方向。我们对自己的教育、职业、结婚对象、居住地，甚至是否生孩子，都要自己做决定，而我们做出的每一个选择都有可能导致悔恨。但这些悔恨并不是随机的，美国人最容易产生悔恨的六大领域分别是教育、职业、恋爱关系、养育子女、自我提升和休闲，而最不容易导致悔恨的领域是财务、家庭、健康、朋友、精神和社区。前面六个生活领域之所以会触发更多的悔恨，是因为它们在决定生活质量方面扮演了重要的角色，而且人们总是认为，纠正我们在这六个领域做出的错误决定总是更容易。举个例子，如果你认为自己在教育方面做了一个错误的决定，不管你现在几岁，都还有机会回到学校，重新接受教育，因为不管多大年龄，接受更多的教育永远都不晚。而造成悔恨情绪可能性最低的，往往涉及我们人生中那些看起来不太容易纠错的领域。

悔恨：买家懊悔情绪的体现

决策过程的几个特征，可能会增加我们为做出的选择而感到强烈懊悔的概率，这也被称为买家懊悔情绪（即购买后感觉自己犯了错误的沮丧感）。在下面陈述的几项特征中，你符合的特征数量越多，就越有可能经历与抑郁症、内疚、焦虑和其他类型的个人痛苦相关的重复性后悔思维。

1. 负面结果。只有当一个决定导致了不理想的结果，且严重影响到个人价值时，才会出现持续性的悔恨情绪。如果一个决定带来的结果超乎预想的好，那么我们的内心只会充满欢喜，而不是后悔。但如果我们认为自己对当前生活环境中的重要事物做出了错误的判断，我们就会感到后悔。以艾米丽为例，在她的婚姻中出现紧张和冲突时，她才开始对自己的婚姻决定感到后悔。被困在一场早已没有了爱情的婚姻中，触发了她对导致婚姻不幸福的原因的反复思考，并质疑自己过去选错了恋爱和结婚的对象。

2. 无法行动。一开始，当我们犯错时，悔恨的程度最为强烈，但随着时间的推移，令我们感到悔恨的，不再是当初的错误，取而代之的是我们对没能采取行动的悔恨。人们专注于"令人悔恨的失败"，因为理解我们为什么选择不做一件事（我们现在知道，做了它会带来更多好处），要比知道我们为什么选择做了一个错误的决定难得多。每当我们选定了一个具体的行动方案，就意味着其他选项被忽视或拒绝了。随着悔恨情绪的反复出现，我们会自然而然地更关注那些本应该被我们选择或采取，但最终被放弃的行动。回到艾米丽的例子，每当被后悔的感觉淹没时，艾米丽就会想象，如果她继续和自己的初恋大学男友保持认真的恋爱关系，她的生活可能会有什么不同。

3. 虚幻的假设。当我们认定存在比既定事实更好的选择时，悔恨的情绪就会变本加厉。因为我们无法准确地预测未来，所以会任由想象力肆意发挥，想象如果我们做出了不同的决定，我们的人生本可以变得多么的美好。比如这些例子：如果我的确为面试做了更多准备，我肯定就能够拿下梦寐以求的工作；如果我当时买了一辆更便宜的二手车，我的经济也不至于像现在这么紧张；如果我在二十多岁时更擅长交际和更外向，或许我现在已经拥有一段甜蜜的爱情，等等。每当我们因为现实的困境而感到沮丧或失望时，就更有可能沉浸于类似的美好幻想之中，试图去想象自己的人生本可以变得如何不一样。不幸的是，这种虚幻的想象是不健康的，往往会加剧羞愧、内疚或悔恨等负面情绪。

4. 虚假的希望。希望是一种重要的信念，能帮助我们走出困境、抵御失望。但存在一种虚假的希望，它可能会起到适得其反的效果。事实证明，如果我们盲目地相信，自己还有时间来纠正一个错误的决定，悔恨的情绪反而会变得更加强烈。这也被称为"机会滋生悔恨的原则"。这是一种虚假的希望，因为它不能帮助我们应对困难。这种

"自认为存在的机会滋生了悔恨"的观念，也使教育领域的决定往往成为最常见的悔恨成因之一。如果我们认为自己的教育不够完美，我们总是还有机会重回校园学习，或接受线上课程教育，帮助我们弥补这些遗憾。但是，如果我们只是想到了弥补教育缺憾的机会，却没有采取任何实际行动，这就成为一个虚假的希望。反过来看，如果你对已经发生的事情无能为力，那么为之后悔的可能性也不高。艾米丽为自己从大学辍学的决定而感到悔恨的程度，远远高于她在很短时间内连续生了两个孩子的决定，因为她仍然可以做一些事情，弥补教育方面的缺憾，却没办法把孩子塞回肚子里。

5. 解释不足。 你可能经常听到"事后诸葛亮"这句话。这种对过去存有偏见的思考方式，正是后悔的表现。当我们无法为一个错误的决定或过去的行动进行辩护时，我们会感到更加后悔。之所以发生这种情况，是因为你很难想起在过去做出这个错误决定的原因。现在的你已经清楚地意识到，过去的选择是一个错误，它导致了令人不满的结果，但你在做决定时并不知道这一点。所以，你可能会觉得，我本应该做出更好的选择，然而，你的这个判断是基于你现在掌握的信息和知识，而不是基于你做出前述决定时有限的信息和知识。你被"事后诸葛亮"的逻辑带偏了，所以你只会感觉更加悔恨。然而，如果你得出的结论是，我觉得自己在当时所知的情况下已经做出了最好的决定，那么你就不太可能陷入悔恨的想法。艾米丽对自己从大学辍学的决定感到后悔，是因为即使已经过去了15年，她依然很难证明这是一个明智的决定。她坚定地认为，自己曾有过别的选择机会。她本可以一边兼职一边坚持读完大学，哪怕自己的丈夫当时仍需要她挣钱支持其在法学院的学业，她相信兼职工作的收入，也足以支付日常生活费用。她现在已经不记得为什么自己如此迅速地做出了从大学退学的决定，并坚定地认为这是解决他们当时面临的经济困难的唯一办法。在思考这个过去的错误决定时，艾米丽成了"事后诸葛亮"思维的受害者。

6. 责任和控制。如果你认为原本能控制一个不幸的决定和它的负面结果，那么悔恨的程度会更严重。这种想法会令你认为，自己需要对错误的决定负全责。相反的，对于我们无法控制的经历，我们很少感到后悔。当一个不理想的结果是由外部因素造成时，你可能会对不幸的事情感到难过，但你不应该受到责备。不难看出，默认自己对不良后果负有过多的责任，会导致强烈的自责，而这正是造成重复性悔恨的核心因素。

7. 自责。一旦我们开始怀疑某个决定是否正确，我们越是责备自己做出了错误的选择，悔恨的程度就会越强烈。随着婚姻生活变得越来越困难，艾米丽也更加怀疑和不确定自己与初恋男友分手，并与现在的丈夫在一起的决定是否正确。怀疑和后悔两种情绪的叠加作用，使艾米丽越发怀疑自己曾经的选择，并因此感到更加的后悔。

图5.1列出了导致悔恨想法的七大因素，以及可能触发的相关情绪问题。如果一个决定中没有出现这七大因素的身影，那后悔的想法也就不会出现。反过来，如果我们遭遇的相关因素越来越多，那么经历强烈和重复性悔恨情绪的概率也会大大提升。如果在过去的某个重要决定中，同时存在图中列出的大部分因素，那么我们就更有可能遭遇反复出现的悔恨情绪。与此同时，我们也可以预料到，悔恨的强度，往往取决于过去的行动或决定对我们的人生目标或志愿的重要性。

影响因素

- 影响重大的、负面的结果
- 无法行动
- 虚幻的假设
- 虚假的希望
- 解释不足
- 自认为具备的责任和控制
- 自责

→ **重复性悔恨情绪** → **后果**

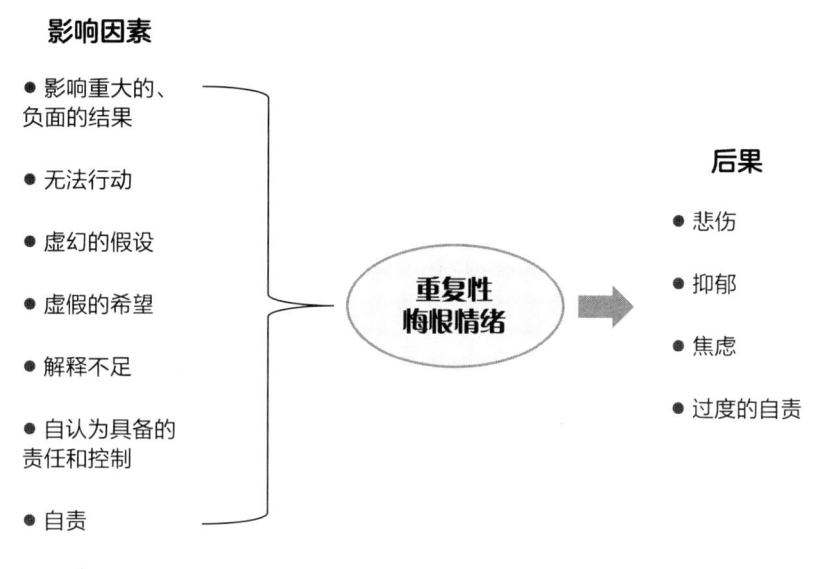

- 悲伤
- 抑郁
- 焦虑
- 过度的自责

图5.1　导致重复性悔恨情绪的原因

评估你的悔恨程度

考虑到人生充满了各种各样的选择和决策，偶尔的悔恨是不可避免的，我们做出的所有决定，即使是那些重要的人生大事，也不可能是最完美的，所以哪怕是那些聪明绝顶之人，也跟普通人一样，有很多值得悔恨的事情。所以，是否感到悔恨，与智力高低或运气好坏无关。既然悔恨难以避免，我们就需要确定，悔恨情绪是否已经成为一个困扰生活的问题，这一点很重要。下面，我们将从重要的人生领域开始，确定与这些领域相关的某一个值得后悔的决定或行动，然后使用一个基于前述七个影响因素的审查清单，帮助你确定自己是否正在经历重复性的悔恨情绪。

练习：令人悔恨的生活领域

下表列出了12个主要的生活领域，它们都要求我们做出一系列的选择、行动和决定。仔细地审视每个生活领域，回忆自己在该领域做出的选择、决定或行动，并是否因此感到悔恨。如果存在悔恨，请在第二栏中简要说明令人悔恨的行动或决定。在第三栏中，简要描述你希望采取的另一种决定或行动，它可能会让你的今天变得更好。

生活领域	感到后悔的决定或行动	期望得到（理想的决定或行动）
职业		
教育		
家庭		
财务		
健康		
朋友		
教育子女		

续表

生活领域	感到后悔的决定或行动	期望得到（理想的决定或行动）
休闲娱乐		
邻里关系		
恋爱关系		
精神追求		
自我提升		

表中列出的12个生活领域，参考了勒泽和萨莫维奇对悔恨等级研究的系统分析中提出的类别。

你是否能够想起自己曾在一个或多个前述生活领域中感到后悔的经历？是否很难想出另一个更理想的决定或行动，从而让你收获更令人满意的结果？在你关于悔恨情绪的描述中，哪一个的影响似乎更大：是第二栏中列出的令人后悔的行动，还是第三栏中列出的本该去做却没做的行动？如果你存在持续后悔的情况，却很难描述令自己感到后悔的行动或不作为，可以考虑寻求配偶、家庭成员或专业的心理治疗师的帮助。下文提供的悔恨干预措施，将需要以你在这个练习中提供的信息为基础，因此请把这张表格放在触手可及的地方。如果在各方的帮助之下，你依然很难提供表格要求的任何信息，那么很可能悔恨情绪对你而言并不是一个严重的问题，没有造成很明显的负面影响。

    艾米丽的一个最大悔恨，实际上涉及了两个重叠的生活领域：教育与职业。在教育领域，她在第二栏中记录的令人悔恨的行为，是她上完大学二年级就辍学了，而第三栏中记录的令人悔恨的不作为，是没有完成自己的英语本科专业学习，然后继续学习并通过高中教师资格证书的考试。在职业领域，她感到后悔的决定，是接受了担任专职教师助理的兼职工作，而令她感到悔恨的不作为，是没有获得教师资格证，尽管她自己有两个学龄前的孩子。当她感到悲伤和忧郁时，艾米丽的悔恨思维被自我批评和责备支配，因为她未能追寻自己成为高中英语教师的梦想。像艾米丽一样，你可能有未实现的梦想，导致你后悔。因此，你在"令人悔恨的生活领域"工作表中提供的答案，也为了解引发你重复悔恨想法的生活经历奠定了基础。

    评估悔恨想法的另一个方法，是确定你的痛苦经历是否符合反刍思维的标准。下面练习中的许多陈述，都提到了悔恨情绪的影响因素（详见图5.1）。

练习：悔恨检查清单

    下表中的陈述，表明了经历悔恨想法的各种方式。请根据你在上一个练习中写下的悔恨经历，根据下面的量表，给每条陈述与你的悔恨经历描述的符合程度打分：

-2=非常不同意

−1= 不同意

0= 既不同意也不赞成（中性）

+1= 同意

+2= 非常同意

关于悔恨情绪的陈述	得分				
1. 我经常为过去的行为和决定感到后悔。	−2	−1	0	+1	+2
2. 我经常会想，我本可以做出哪些更好的选择或采取什么更好的行动方案。	−2	−1	0	+1	+2
3. 我经常希望我的部分人生能够从头再来。	−2	−1	0	+1	+2
4. 我经常思考过去的错误和行为。	−2	−1	0	+1	+2
5. 我经常会幻想自己的人生本可以有多么的美好。	−2	−1	0	+1	+2
6. 我经常对自己说，要是……就好了。	−2	−1	0	+1	+2
7. 我为自己过去所做的错误选择而自责。	−2	−1	0	+1	+2
8. 在做出一个重要的决定后，我常常怀疑自己是不是做错了。	−2	−1	0	+1	+2
9. 当感到后悔时，我很难理解为什么我过去会做出如此糟糕的选择。	−2	−1	0	+1	+2
10. 我经常想，如果我做出更好的选择，我的人生会变得有多好。	−2	−1	0	+1	+2
11. 我经常想要亡羊补牢，通过现在做出的改变，减轻过去一个错误的决定所带来的负面影响。	−2	−1	0	+1	+2
12. 每当我想到自己本应该过上的人生时，它看起来总是比现在的实际状况要好得多。	−2	−1	0	+1	+2

不管你在这个表格中的得分是多少，不存在一个所谓的"分界线"分数，因为这张检查清单表是专门为本书的心理疗愈练习而制

定，如果你把圈出来的所有分值相加后，得到一个负分或零分，那么你不太可能存在持续和重复性悔恨思维的问题。你的分数在正值范围内，得分越高，就越有可能存在明显的悔恨情绪，这种情绪有时候非常强烈、重复性强且令人痛苦。

测试备选方案的有效性

通过上文的论述，我们已经意识到，当我们专注于过去因不作为而导致的失败，并相信存在一个更理想的选择或替代方案，且自己还有机会采取纠错的措施，实现这个替代的方案，让人生变得更美好时，悔恨的情绪就会变得更强烈。因为这种思维方式会产生一种虚假的希望，使我们陷入悔恨之中。为此，评估我们想象中的这个更好的替代方案是否可行，或者是否的确存在其他的选择，让我们减轻心中的悔恨，就变得至关重要。接下来，我们将使用一种叫作"心理对比"[①]的问题解决策略，评估你一直在思考和纠结的、理想的替代方案是有用或是徒劳无功。

--------- **练习**：审视替代选择的可能性 ---------

这个练习提供了一个循序渐进的方法，来重新审视你对不作为的悔恨。按照本练习的步骤安排，花时间完成每个步骤的练习至关重要。这些步骤的目的，是引导你认识到自己应该放弃那个理想的但在过去未能做出的选择了，并认真地思考眼下可以实施的其他行动

---

① 一种自我调节策略，通过对比现实和期望的结果来激发动力和实现目标。——译者注

方案。

第一步：理想的选择是什么

选择你在"令人悔恨的生活领域"练习中列出的最频繁、最令人痛苦的悔恨经历。回顾你在该练习的表格第三栏中写下的，你本应采取的理想决定或令人悔恨的不作为。利用下面的问题，更深入地思考是什么让这个替代的决定或行动比实际发生的事情更让你满意。

1. 是什么使这个理想的决定或令人悔恨的不作为变得比你在过去做出的选择更好？

———————————————————————

———————————————————————

2. 如果你在过去做了这个替代的决定或行动，你现在的生活会在哪些方面令你感觉更好？

———————————————————————

———————————————————————

3. 如果你想要在过去做出这个决定或采取这个行动，你可能需要做哪些不同的事情？

———————————————————————

———————————————————————

4. 如果你在过去做了这个替代的决定或行动，那么你认为自己成功地产生预期结果的可能性是高还是低？（请在下方勾出你的选择）

———————————————————————

成功的期望高	成功的期望低
☐	☐

第二步：当前的障碍

将期望的替代方案，视为你现在仍然可以追求的目标。在目前的情况下，存在哪些障碍会导致你无法实现理想的替代方案？具体说明哪些障碍会导致你无法取得自己期望中的结果。在下方的空白处，尽可能多地提供关于预期障碍的细节信息。如果你需要更多的空间来描述更多的障碍，请使用一张白纸来记录。

1. _____
2. _____
3. _____
4. _____
5. _____

第三步：评估和思考替代结果的可行性

以第2步中列出的各个障碍为基础，假设自己仍有时间去追求期望的结果，或纠正令人悔恨的不作为，预期的结果是否仍然可行？如果已经不可行，请写下放弃这个期望的结果会更好的理由。放弃理想的替代决定，或放下对过去不作为的悔恨，能给你带来什么好处？

_____
_____

_____

接下来，考虑一个替代目标，它可能不会产生最理想的结果，但让你当前的情况有所改善。这个替代目标应该能够避开或克服第二步中列出的大部分障碍。它应该是一个对你个人而言有意义的目标，只有这样，它才能够促进高度的承诺和对成功的期望。请在下方的空白处详细地说明替代的目标是什么样的，然后列出你将采取什么样的步骤以实现该目标。

我的替代目标（结果）：_____

为了取得这个替代性结果，我需要做什么：

1. _____
2. _____
3. _____
4. _____
5. _____

你能够顺利地完成这个练习中的三个步骤吗？当经历了重复或自责的悔恨情绪时，人们往往错误地认为，自己仍然可以纠正在过去没能做出的正确决定，或令人悔恨的不作为。在前述练习的第二步中，列出纠正行动可能遭遇的障碍，以及在第3步中考虑可以用什么不同的方法改善你当前面临的困境，将帮助你将注意力从"我本应该做什么"转移到"我现在可以做什么来改善当前的处境"上。如果你在完成这些练习步骤时遇到困难，可以考虑向你的心理治疗师或你身边亲近的人寻求帮助。

艾米丽存在好几个值得悔恨的问题，所以她需要为每个悔恨完成"审视替代选择的可能性"练习。为了说明问题，让我们以艾米丽在英语专业本科二年级时退学的悔恨为例。在前一个练习的第三栏中，她写道："我想回到过去，完成我的英语专业学习，拿到教师资格证，然后进入高中教英语。"为了搞清楚为什么这个替代行动方案如此令自己向往，按照第一步的要求，艾米丽可能会提供以下答案：

1. 积极的好处。完成我的大学学业，将消除我对中途辍学的羞耻感，它将提高我的自信心，而且稳定的全职教师工作将提供我目前急需的额外收入。

2. 让现在的生活更好。我会觉得自己更独立，更有价值，不是一个被困在家里的家庭主妇；不再是一个人生的失败者。

3. 一个不同的过去。我可能需要认识到，个人的成就和事业的成功，对我的自我价值和生活满意度更为重要。我还需要对丈夫更坚定地表达自己的需求和野心。

4. 不同的期望。我相信我本可以完成大学的学习，并在成为全职教师的同时生孩子。

在练习的第2步中，艾米丽可以列出关于重返大学和获得教师资格的几个障碍：

1. 考虑到我需要照顾两个孩子，如果我去上学，生活会变得非常紧张和混乱。

2. 身为全职家庭主妇和两个孩子的母亲，我的时间并不灵活，所以我怎么能参加与我的日程安排冲突的课程？

3. 学费很贵，钱很紧张。

4. 即使我完成了学业，我所在的社区也很少有教职空缺，我也不能自由地搬到工作机会更多的地方。

5. 我现在年纪大了，也没有任何教学经验。我怎么能和年轻的单身人士竞争这些全职的工作？

艾米丽在练习的第2步中仔细地思考和审视了当前面临的障碍后，她意识到自己可能需要放弃进入高中教书的愿望。在第3步中，她想到了一个更加可行的替代方案，就是：

我仍然可以通过学习在线课程，并转到一所专门为在职人士提供高等教育的大学，来完成我的英语专业学位。一旦我拿到了本科学位，我将探索在人力资源方面进一步攻读硕士学位的可能性。我喜欢与人交流，而且我一直觉得自己有经商的天分。我过去一直认为教高中是唯一能给我带来意义和成就感的工作，这是不现实且狭隘的想法。

你是否像艾米丽一样，仍在坚持追求一个替代性的选择，或令人悔恨的不作为，哪怕它已经被证明是行不通的？通过放弃这个替代选择，并致力于追求一个更现实的选择，你就放下了对"我本可做到什么"的执念。放弃"我本可以"的想法，是放开悔恨的一个重要步骤。相反的，专注于"我现在能做什么"，会让你感觉到你的人生和生活在朝前走，而不是停留在过去，重复着责备和后悔的想法。

减少差异的策略

随着时间的流逝，我们会忘记自己为什么会做出现在后悔的选择。之前我们把这称为"解释不足"，这也是导致重复性悔恨情绪的原因之一（详见图5.1）。这个世界上，没有人能够做到精准无误的记忆，而时间只会让我们本就模糊的记忆变得更加偏颇和失真，再加上悔恨情绪导致的强烈自责，就不难理解为什么我们在过去做出一个错误决定的原因变得不再清晰。我们会严厉地批判自己的错误，是因为我们从现在已经掌握的知识出发，而不是从过去做出错误决策的时间点出发，去分析其后果（这就是所谓的"事后偏见"），你甚至可能到了完全不明白自己怎么会做出这样一个错误决定的地步。在你感到后悔时，你可能会反复纠结，我怎么会这么愚蠢？这种解释的缺失，将是你陷入悔恨的一个重要原因，但它也为如何让自己走出悔恨的怪圈提供了一条线索。

导致解释缺陷的另一个问题，是真正发生的事情与你希望看到自己的样子之间存在差异。我们都喜欢将自己视为一个认真、聪明、负责任的人，总是能做出好的决定。因此，当我们做出一个错误的决定时，这就与我们倾向于看待自己的理想方式产生了差异。如果你能通过将错误的决定归咎于你无法控制的外部因素，或你在做出决定时掌握的信息不足，你很可能会得出结论：基于我当时掌握的信息，我已经做出了最好的决定。这实际上是你在为自己过去的错误决定或令人悔恨的不作为辩护，它将能够缩小做出错误的选择与你认为自己是一个负责任的、有能力的决策者的认知之间的差异。反过来，你的辩解也会减轻悔恨的程度，因为你会相信自己在当时所知道的情况下已经尽力了。请通过下面这个练习，重新审视你在做出一个令人悔恨的决定时，是否比你想象的更"事出有因、有理有据"。

练习：重新评估过去决策的合理性

第一部分：关于悔恨的叙述

选择你在"令人悔恨的生活领域"工作表上列出的最令人后悔的决定。安排两到三次的记忆回想（持续30分钟），在这个过程中，你要尽可能生动地回忆自己做出这个令人悔恨的决定或行动的细节。尽可能多地回想有关这一过去经历的细节至关重要。回答下面的问题，将帮助你重建对那段令人悔恨的经历的记忆。

- 在你做出令人悔恨的决定时，你在哪里？你在做什么？谁和你在一起？

第五章 战胜悔恨情绪

- 在做出令人悔恨的决定或行动的时候，有什么特别值得注意的情况或细节吗？

- 你是否与任何人讨论过你打算做什么？他们给了你什么建议？

- 你当时是否完全了解自己拥有的全部选择？它们分别是什么？

- 你当时的感觉如何？你的情绪状态是否影响到了你的决策？

- 是否有任何其他外部因素影响了你的决定？如果是的话，是什么因素？

- 是否有其他因素影响了你的决定，或限制了你在几个选项中的自由选择？

- 你当时是否想到了你的决定或行动的优点和缺点？如果是，

请尽可能多地列出你能记得的细节信息。

接下来，根据你对前面问题的回答，写一段简短的文字，尽可能准确地描述你对做出令人悔恨的决定的印象。将你对这段悔恨的叙述写在下方的空白处。

第二部分：辩解理由的分析

根据你对悔恨经历的叙述，回答下面这些问题。

1. 尽管你现在感到后悔，但你是否曾根据当时的信息，做出了明智的决定，或采取了最可行的行动方案？	是	否
2. 你是否意识到你在做一个后来会后悔的错误决定或行动？	是	否
3. 你是否故意选择了一个较差的方案，因为它在短期内比较容易实现，即使你知道它以后会造成不良的影响？	是	否
4. 你现在是否意识到，当时存在其他因素影响了你，或者限制了你选择更好方案的能力？	是	否
5. 即使你过去做出的决定或行动导致了现在的后悔，但它是否符合你当时的个人价值观和人生准则？	是	否

续表

6. 你是否因为感到后悔，而夸大了过去的决定或行动的重要性？	是	否
7. 即使你做出了这个令人悔恨的、过去的决定或行动，你仍然是一个负责任的、智慧的人吗？	是	否
8. 你现在是否相信，你并不应该承担对这个令人悔恨的决定或行动的全部责任？	是	否
9. "事后诸葛亮"式的偏见是否明显，即你认为这是个令人悔恨的决定或行动，是因为你现在知道了一个你在过去不可能知道的未来？	是	否
10. 你能想象其他有能力的人，根据你过去知道的情况，做出与你相同的决定或行动吗？	是	否

如果你在问题2和3上勾选了"否"，而在其他问题上勾选了"是"，那么你现在意识到，你做出这个令人悔恨的决定比你一直认为的更有道理。请用一个简短的段落，说明为什么你现在相信"我做出了最好的决定，或者根据我当时知道的情况，采取了最好的行动"。

当人们无法理解自己过去为什么会做出如此糟糕的决定，或为什么没有采取行动时，就会出现重复性的悔恨思考。无法为过去的错误选择进行辩解，是导致悔恨思考的一个重要原因。你在上一个练习中的回答，将引导你重新发现自己做出令人悔恨的决定，或未能做出更好选择的原因。这些理由是你对过去采取的决策过程的辩解，鉴于你所掌握的信息和当时的情况，可能你只能做出那样的选择。这是你从练习中得出的结论吗？你是否已经有了新的理解，对自己有了更多的宽容和同情心？如果是，那么这个更宽容的态度可能看起来像这样：

不幸的是，我在过去做了一个错误的选择，我错过了一个好机会，但我现在意识到，在当时的环境和我所知道的情况下，我已经做出了最好的选择。从"事后诸葛亮"的角度来判断我过去的行为和决定，对我自己是不公平的。现在，是时候摆脱过去，接受过去无法改变的事实，转而以更有建设性的方式处理眼前的困难了。

通过发现对大学辍学决定的新理解，艾米丽可以对自己退出大学的决定培养一种更宽容的态度。她可能会想起，还是大学生的自己和当时的丈夫的经济十分拮据；她自己也曾怀疑英语专业是不是正确的专业选择；她的成绩因为对所选专业不感兴趣而下滑，而且她一直知道自己一定会重返学校继续深造。事实上，当时她只计划休学几个学期，但她很幸运地找到了一份薪水不错的长期工作，于是时间就这样溜走了。对退出大学的原因进行更深入的重新评估，会帮助艾米丽认识到，她当时做出这个决定是合理的。许多年轻女性做出了类似的决定，像艾米丽一样，她们可能发现时间的流逝和生活环境的变化导致了她们目前面临的中年困境。对艾米丽来说，她应该采取对自己更宽恕的态度，并放下对过去的悔恨。现在，她应该花更多时间处理眼前的困境，并制订一个新的计划来捡起她被中断的学业。像艾米丽一样，当你意识到过去的你已经做出了最好的决定时，你将能够摆脱对过去的悔恨，放下对"在过去，我本应该做什么"的执念，彻底地摆脱这种"本应该、本可以"的思维。你最好专注于一个替代的行动方案，因为它将振奋你的积极情绪，让你的心理变得更健康，而不是继续沉浸在过去的重复性悔恨思维之中无法自拔。

本章小结

在本章中，你学到以下内容：

- 重复性悔恨思维是一种反刍的类型，它意味着因为一个虚幻的、可能更理想的结果而陷入反复的自责。它以"本应该，本可以"的思维为主要特征，会导致自我贬低，并导致消极的情绪状态，如抑郁、焦虑和内疚。
- 有七个过程会增加你沦为重复性悔恨情绪受害者的风险：

  （1）由于过去的决定，遭遇了一个重要的、持久的负面结果；

  （2）把注意力集中在无法采取行动的失败上；

  （3）想象一个比实际发生的情况更好的替代方案；

  （4）相信过去的错误决定仍然可以被纠正；

  （5）无法为这个错误的决定辩解；

  （6）认为你对做出这个决定负有完全的责任和控制权；

  （7）在做出这个决定后出现自我责备的情况。
- "令人悔恨的生活领域"和"悔恨检查清单"是两个评估工具，可以帮助你确定自己是否正在经历重复性悔恨思维。
- "审视替代选择的可能性"是一种策略，旨在纠正这样的看法：由于选择不当或没有选择更好的途径而失去的机会，在今天仍然可以实现。更好的做法，是将你的努力转向致力于一个不同的、更现实的替代方案，重点强调你现在可以做些什么来改善当前的状况。

- 重新评估你过去的决策是一种策略，可以帮助你重新发现过去令人悔恨的决定或不作为的原因。能够证明你在过去做出错误选择的合理原因，对走出悔恨情绪至关重要。这是对抗"事后诸葛亮"式偏见的有效方法，"事后诸葛亮"思维只会加剧自责和悔恨的情绪。

下章内容预告

陷于悔恨情绪无法自拔，是一种自我否定的反刍思维形式，因为过去是无法改变的。重新评估你现在的选择和过去的决策，会让你接受过去，因为"该发生的已经发生了"，并鼓励你活在当下。尽管你在过去做出了错误的选择和不作为，但你会给自己更多的自我宽恕和同情，并能够采取更倾向于解决问题的方法，处理眼前的困境。但持续的悔恨并不是唯一与过去有关的负面情绪。正如你将在接下来的两章中看到的那样，过去的经历也会产生另外两种负面情绪：羞耻感和羞辱感。

第六章

直面羞耻感

第六章　直面羞耻感

你肯定经常听到这样一句话："你必须要相信自己。"事实上，这句话的重要性不容小觑，因为相信自己的个人价值和意义，是获得幸福和健康的基石。健康的自我价值观，与成功、令人满意的人际关系和积极情绪息息相关。反过来，如果你怀疑自己的个人价值，人生的满意度就会降低、负面情绪就会增多，出现心理健康问题的风险也会增大。

本章重点讨论与羞耻感相关的反刍思维。羞耻感是一种源自社会评价的情绪，会对个人的自我价值产生破坏性的影响。我们首先探讨的是作为反刍思维存在的羞耻感的一个核心要素：我们对他人对我们的看法的重视程度。你将在下文中看到乔安的例子。每当她想到丈夫的不忠行为，就会感到充满羞耻。接下来，你将看到一些评估工具，它们将帮助你判断自己是否会因为某一段过去的社会交往而感到羞耻，或存在反刍思维模式。本章的后半部分内容介绍了两种策略，帮助减轻羞耻感这种令人痛苦的想法的危害性。

重视他人评价的价值观

我们对自身的个人价值的看法，是在贯穿终生的社会经历中形成的，这就意味着，他人对我们的看法，是我们确定自我价值的最重要方式。这就是为什么大多数人非常在乎别人对自己的看法。我们会不断地寻找各种线索和证据，以证明那些在我们生命中很重要的人是爱我们的、接受并且重视我们的。这种积极的反馈意见，将增强我们对自我价值的信念。同样地，来自他人的批评、拒绝和不认同，将威胁到我们对个人价值的坚定信念。一旦出现这种情况，表现为自我价值低和自我批评的负面想法就会反复出现，同时负面情绪也会加剧。

与他人的消极互动，将导致我们焦虑不安、害怕知道别人对我们的看法。你是否发现自己在社交场合感到焦虑？担心自己给别人留下不好的印象？你是否反复地想：不知道他们会怎么看我？他们喜欢我吗？我有没有留下一个好印象？如果这些问题经常涌现在你的脑海中，那么自卑感可能会让你在每次跟人互动时，都以为别人会给出负面的评价，或不认可你的存在。

不幸的是，我们身处的社会可能十分冷漠无情，对我们并不友好。权力和支配地位的盛行，导致个体遭遇令人痛苦的社会经历的可能性增加。不管在什么社会场景下，我们都会立刻意识到"权力等级秩序①"的存在，它是由我们对他人的控制力、权力、认可度和影响力的大小决定的。在"权力等级秩序"中排名靠前的人，自然拥有更多的权力和更高的声望，而排名靠后的人则处于更加顺从、无力和孤立的地位。显然，成为"人上人"当然更好，所以大家都会努力提高自己的社会地位，避免任何会威胁到我们得到他人认可和接受的事情发生。这是因为较高的社会地位能提升自我价值感，而社会地位的降低则会降低我们的自我评价。

体现一个人社会地位的最重要的一个指标，就是他/她受到他人关注的程度。回想一下，你上一次在社交场合被忽视的经历，你当时是什么感觉？大多数人会觉得被人忽视的感觉非常痛苦，因为这会令

---

① （群体中的）等级秩序指动物或人群体中的等级制度，即每个成员在群体中的地位和权力大小。——译者注

人质疑自己的价值，并可能导致重复性的消极想法，比如：我对这些人来说，价值太小了，小到他们甚至不愿意正视我的存在。当我们的存在被他人忽视时，我们的社会地位就受到了攻击。如果情况十分严重，我们可能最终会因为被忽视而陷入反刍，不停地反思到底发生了什么，以及这对我们的自我价值意味着什么。但是，被人忽视并不是降低我们自身社会吸引力，以及威胁到自我价值的唯一负面社交体验，羞耻感是比被人无视更极端的消极社会体验，它将严重地降低我们的社会地位，破坏自我价值、自尊和尊严。

羞耻感：一种"认为自己不值得"的坏情绪

羞耻感及其带来的羞辱情绪，都属于一组被称为"自我意识情绪"的情绪，这些情绪通常由社交场合触发，并与保持健康的人际关系，以及吸引来自他人的更多积极关注有关。羞耻感是一种强烈的痛苦感，它包括一种强烈的负面自我评价（"糟糕、愚蠢的我"），有可能造成个人社会地位，以及来自他人的认可丧失的不利（尴尬）的经历或行为引起，并导致当事人迫切地想要去隐藏、回避或逃避相关的社交场合。羞耻感通常与一个人在他人（观众）面前发表了不理智或"愚蠢"的评论有关。每当这种情况发生时，我们的头脑中就会充满对这段羞耻经历的反刍思维。

羞耻感和羞辱感有很多共同之处，它们都关乎：（1）自尊和地位的丧失；（2）无力感；（3）自卑感；（4）在他人面前受到不公平对待的感觉。然而，二者也存在一些不同之处，在羞耻感中，人们会将尴尬的处境归咎于自己，因此最终会产生消极的自我评价。而在羞辱感中，人们会认为自己的尴尬处境完全是他人造成的，因此最终会产生更强的无力感。羞耻感会导致抑郁、内疚甚至自杀的倾向，而羞辱感则更有可能带来愤怒和报复的欲望。我们将在下一章重点讨论羞辱感，本章讨论的重点是羞耻感。请看下面这个例子，它描述了羞耻感最常见的一个来源：感情出轨。

● 乔安的故事：如何面对丈夫背叛的打击

乔安因为当前的婚姻状况而忧心忡忡，她跟丈夫尤金已经一起生活了22年。最初十年的婚后时光是美好的，但随着女儿们的相继出生和养家糊口的压力渐增，夫妻之间的关系变得紧张而冷漠。紧张忙碌的生活，使夫妻之间的感情逐渐变淡，尤金在感情上变得冷漠而疏远，而乔安则发现自己变得更焦躁而沮丧。两人因为一点琐事就会吵个不停。这段婚姻好像已经没有了亲密关系，约会之夜也早已停止。乔安意识到自己对尤金的批评越来越多，经常抱怨他没有承担足够的家庭责任。尤金在家待的时间也越来越少，并且经常以工作为借口，深夜不归或周末外出。他在家里表现得脾气暴躁，彻底丧失了对乔安的身体欲望，他几个月之前就不再碰她了，这让乔安开始担心自己失去了对丈夫的性吸引力。他们彼此之间曾有过的强烈性吸引力也消失不见了。乔安不知道是不是因为自己变老了或变胖了，导致尤金失去了性趣，因为他一直都很注重外貌和美感。乔安建议他们一起去进行婚姻咨询，但尤金拒绝了。

几个月过去了，乔安越来越怀疑尤金缺席家庭生活是为了去干坏事，她开始在尤金上班时查岗，并发现他那些外出工作的借口完全不成立。最后，她翻看了尤金的手机，发现尤金给自己最好的闺蜜发了几条暧昧短信。乔安直接找尤金当面对质，最后他终于承认，已经出轨了乔安的好朋友长达两年的时间。对乔安来说，这是个毁灭性的打击。更糟糕的是，丈夫出轨的对象，竟然是自己最要好的朋友，而且乔安的其他几个女性朋友早就知道了这件事，却一直瞒着她。除了悲伤和失落感，另一种情绪也令乔安措手不及，她感到深切的羞耻和尴尬。她控制不住地想，原来有这么多人比她先知道尤金出轨的事情。在每个社交场合，她都会控制不住地想，所有人都觉得她软弱可欺、天真和愚蠢。她甚至怀疑，别人是不是都把尤金婚内出轨的原因怪到她的头上。最终，她得出的结论是，这些人已经不再尊重她，她已经沦为他人怜悯的对象。她能够感觉到别人对她的批判，这种持续的消极想法让她充满了羞耻感。有数百万人像乔安一样，因为遭遇了亲密伴侣的背叛，而经历了令人心碎的羞耻感。

尴尬情绪和羞耻感的体验

羞耻感就是极端的尴尬，因此，要理解羞耻感，我们首先要搞清楚尴尬情绪是什么。当我们不小心打破了某些社会规则或习俗，并认为自己的名誉可能因此而受损时，就会产生尴尬情绪。尴尬往往是突然的、出乎意料的，但程度轻微的痛苦，它通常很快就会消失，并且可能发生在不重要甚至是能够以幽默化解的情况下。我们可以从尴尬的经历出发，问问自己这些尴尬经历中，是否有发展成羞耻感的经历。

你肯定可以想到无数种自己曾感到尴尬的经历，比如，忘记了自己本该记住的事情、小小地吹了牛、没有完全说实话、发表了愚蠢的看法，或犯了愚蠢的错误等。在这些令人尴尬的经历中，我们都做了一些与当下社交场合不相称的事情，而这种失误或冒犯被其他人注意到了。因此，尴尬往往发生在有观众的社交情境下。

你上一次感到尴尬，是什么时候？大多数人都试图忘记这些令人尴尬的经历，因为它们只会让我们觉得自己很糟糕。但是，回顾尴尬的经历，是消除羞耻感的一个很好的切入点，它将迫使你去思考，你的情绪问题的诱因是不是任何消极的社交体验。请填写下面这张工作表，列出你最难忘的尴尬时刻。

练习：尴尬经历记录表

回想一下你感到尴尬的时候：可能是由于你说了什么话、你的不妥当行为方式，或在当时的情况下，不得体的行为造成的尴尬。说说你做了什么，以及周围人有什么反应。你的尴尬是否表现了出来（比如脸涨得通红），还是你成功地掩盖了尴尬？尴尬是否造成了任何负面影响？

1.	6.
2.	7.
3.	8.
4.	9.
5.	10.

如果你很难想起上一次感到尴尬的经历，不妨回忆一下自己人生的不同阶段发生了什么，比如高中、大学、约会经历、就业或职业经历、友谊、旅行、休闲等，有没有什么事情让你感到尴尬？如果这还

是没能让你想起来,不妨问问跟你认识了很久的人,看看他们是否记得你曾经做过什么尴尬的事情。如果你想起来若干次尴尬的经历,请在你觉得最重要的经历旁打上星号。

乔安能够轻易地回忆起自己感到尴尬的很多时刻,例如,她记得自己曾在一次工作会议上发表了看法,却被别人批评为不知所云,听到这个评价,她的脸涨得通红、全身绷紧,胃里翻江倒海,差点吐出来。她当时脑海里只有一个想法,我就是个跳梁小丑,但这种尴尬很快就消失了,因为她相信自己在认识多年的同事中有很好的口碑。但是,她对丈夫出轨的消极情绪和反复纠结却更加深刻和持久,它们远远超出了尴尬的范畴,哪怕不管在什么时候,只要她遇到知道丈夫出轨的人,她都会感到尴尬。

羞耻感是一种比尴尬更强烈的情绪,它涉及个体社会地位的丧失,使人感到自卑、被排斥和被排挤。感到羞耻的人,总是想要逃避和躲避他人。他们会反复产生自我批评的消极想法,认为他人总是会否定自己,因此他们的自我价值遭受了重创。感到羞耻的人总是想,我是个糟糕的人,并把违反社会规范或没有达到他人期望的责任归咎于自己。

许多不同的社交场合都可能引发羞耻感:一个研究生被教授导师当着其他本科生和研究生同学的面评价为"愚蠢";丈夫在与朋友共进晚餐时,责备妻子体重增加;新员工开会迟到,被经理点名批评;一位经验丰富的经理申请高管职位被拒,而所有人都认为她会得到晋升。对于乔安来说,羞耻感从未消失过,但凡有任何事情提醒她,尤金几乎已经公开了自己的不忠行为,但出于某种原因,她一直被蒙在鼓里长达几个月时，这种羞耻感只会加剧。

同样地，许多经历也可能造成羞耻感，从很常见的日常事件，到严重的创伤性事件，如身体的虐待或性虐待、犯罪和婚内出轨等。在所有令人感到羞耻的情况下，我们的反刍思维都集中在自己做错了事，认为有观众在批判自己，并认定自己因此而丧失了社会地位和自我价值。有时候，我们会因为一些私密的经历而感到羞耻，止不住地担心万一别人知道了会有多糟糕。此外，我们也会因为自己存在某种自认为不可接受的情绪而感到羞耻，比如：我对前男友感到如此愤怒和怨恨，我为此感到羞耻。这些关于羞耻感的描述，你是否听起来很熟悉？接下来的练习，将帮助你确定羞耻感是否是你的情绪问题的诱因。

练习：羞耻经历记录

回想一下你人生的不同阶段，你是否有过感到羞耻的经历。回顾你在上一个练习中用星号标记的尴尬经历，并思考这些经历是否属于羞耻的经历。如果这些经历符合下面列出的羞耻经历的五个特征，请将它们写在下方空白处。

1. 这段经历非常痛苦。
2. 你违反了社会规则（规范），或没有达到他人的期望值。
3. 你感觉到社会的认可、价值和地位的丧失。
4. 这段经历令你产生了无用、自卑或无能的想法。
5. 因为它，你试图隐藏或躲避他人，以掩盖自己的羞耻感。

1.＿＿＿＿＿＿＿＿＿＿＿＿＿＿＿＿＿＿＿＿＿＿＿＿＿＿

2. _____
3. _____
4. _____
5. _____

如果你经历过创伤或重大伤害，你可能会产生羞耻感。如果你有过这些经历，请将它们写在记录栏上。大多数情况下，你会很容易想起那些令人感到羞耻的经历。因此，如果你想不起任何羞耻的经历，那么羞耻情绪可能与你无关。如果你列出了数次感到羞耻的经历，请在你反复想起的经历旁边打上星号。在你进入下文的策略部分练习时，这就是你想要用来分析的羞耻经历。

尴尬和羞耻是一种令人痛苦的情绪，往往源自有观众或目击者参与的负面社交经历。尴尬是一种我们能够很快忘怀的、较轻微的负面情绪，我们要么忘掉这段经历，要么在向别人讲述这段经历时能自嘲一番，因此尴尬很少与反刍思维联系在一起。

羞耻感则大不相同。它是一种自我意识情绪，可能带来"深刻的切肤之痛"，导致怀疑自我价值和社会价值的反刍思维的出现。作为反刍思维的羞耻感，通常强调个人的失败、泄气或不如他人。这种思维方式可能会持续多年，最终造成严重的情绪问题。

羞耻感评估

你的一些羞于启齿的经历，是否符合反刍思维和持续情绪困扰的特征？事实上，并非所有的羞耻感都是不健康的，得到妥善处理的羞耻感不会对你的生活产生实质性的影响。但我们依然可能会陷入羞耻感中无法自拔，这时候，羞耻感就会成为造成我们情绪问题的主因，当羞耻感变得不健康时，它就会呈现出反刍思维的特征。

下面是一份清单，列出了我们应对羞耻体验的各种方式。通过填写这份核查清单，你就可以确定，羞耻感对你而言是否已经成为一个必须处理的严重问题。在这里，你的评估对象将是你应对上一张表格中列出的、最重要的羞耻经历的方法。

练习：羞耻感核查清单

回顾你在"羞耻经历记录"练习中提供的答案，选择你反复纠结的一段羞耻经历。在下方的空白处写下这段经历。然后，仔细阅读下表中的各项陈述，评估每项陈述在多大程度上描述（适用于）你在回想这段羞耻经历时的反应，并勾选相应的评价栏。

用复选标记来表示每项陈述在多大程度上描述（适用于）了你在回想羞耻经历时的反应。

我想得最多的、令人痛苦的羞耻经历是：_____

当我回想起发生的事情时……	0 不符合描述	1 有点符合描述	2 较为符合描述	3 非常符合描述	4 完全符合描述
1. 它仍然让我感到心烦意乱。					
2. 我会责备自己。					
3. 我觉得自己受到了知情人的谴责。					
4. 我尽量避免去想它。					

续表

当我回想起发生的事情时……	0 不符合描述	1 有点符合描述	2 较为符合描述	3 非常符合描述	4 完全符合描述
5. 这些想法似乎莫名其妙地涌现在脑海中。					
6. 我有负罪感。					
7. 我会想我肯定显得超级愚蠢、软弱或有缺陷。					
8. 我觉得我的名声已经毁了。					
9. 即使我想控制自己不要去想它,还是无法停止回想这段经历。					
10. 我时常希望自己当时的行为能够有所不同。					
11. 我经常想起自己给别人留下的坏印象。					
12. 我根本无法开口说清楚当时到底发生了什么事情。					
13. 感觉太糟糕了,我几乎可以在脑海中反复重演整个经历。					
14. 我感到尴尬和羞耻。					
15. 我总是纠结于这件事情的发生,以及它给我的生活造成了多大的坏影响。					
16. 我担心这段经历削弱了我与朋友和家人的联系。					

如果你在每项陈述上都选择了2到4分的等级,那么你很可能正在经历重复性的、消极的羞耻感。你在这张表上的得分越高,重复性的、消极的羞耻感就越有可能给你造成严重的心理问题。如果你在表

中的得分基本上是0或1分,那么很可能你已经妥善地处理了这段羞耻的经历。如果你在使用这张表时遇到困难,那么可以向专业的治疗师或咨询师求助,他们将帮助你确定羞耻感是否与你的心理问题有关。

乔安的不健康反应

如果乔安正在遭遇重复性的、消极的羞耻感,她可能会持续不断地想到丈夫的背叛,很难将注意力转移到其他事情上。纠结于丈夫的出轨会令她非常痛苦,她可能会陷入反刍,纠结于丈夫为什么要背叛她。她可能还会产生自责和指责他人等反刍思维,或认定自己不是一个好妻子,认定这就是导致尤金出轨的原因。她可能会纠结于自己身上所有的缺点,并因此而认定自己是一个不配拥有幸福的人。当别人提醒她,他人比她更早知道尤金出轨的事情时,乔安可能会感到尴尬。她可能会转而想到在朋友眼中,自己看起来有多么的无知和有毛病。她可能会因此而认定自己是一个软弱可欺的人,甚至怀疑朋友们是否真的想要跟她往来。为此她可能会渐渐地回避他人,蜷缩在自己的小世界里,以期减轻羞耻感。这样的思维方式是否令你感到很熟悉?如果你的羞耻感评估清单的得分与乔安一样,那么你同样可能正在经历重复性的、消极的羞耻感。

乔安的健康反应

每当想到丈夫的背叛时,乔安会认为尤金应该为违背他们的婚姻誓言负全责。她会认为是尤金的不诚实、欺骗和自私,才导致了他的出轨行为,而不是责怪自己是一个不够完美的伴侣。她不会让丈夫的背叛成为衡量自己价值的标准。相反，她会继续相信自己是一个能干、有同情心、善解人意的女人，只是被自己全身心信任的男人背叛了。通过相信朋友和家人的支持和理解，乔安将会重拾自己的尊严，赢得他人的尊重。她将寻求从更广阔的角度来看待背叛，即指出这样一个不幸的事实——出轨仿佛已经成为现代社会的常态，坚强、成功、受欢迎、坚韧不拔的女性也会遭到爱人的背叛。因此，乔安没有选择躲藏、回避和孤立自己，而是选择直面她的朋友，面对必须就婚姻做出的许多决定。考虑到事件的严重性，乔安会对丈夫的出轨深思熟虑，但她不会让这件事成为她生命的全部。

你是否发现，羞耻感在你的心理问题中所起的作用比你意识到的还要大？在前面的练习中，你是列举了几次羞耻经历，还是像乔安一样，反复纠结于生命中的某一个重大事件？你是否更加认同乔安对背叛的不健康反应？如果你认为重复性的、消极的羞耻感是一个问题，那么还有一个好消息：你可以使用以下两种减轻羞耻感的策略，来减少这种羞耻感给你的生活带来的不利影响。

减轻羞耻感的策略：从更健康的角度看问题

由羞于启齿的经历引发的反刍思维，可能会让人感到担忧、反刍和后悔。因此，重新审视一下这些不同类型的反刍思维是很有帮助的。你对羞耻经历的记忆，是否随着时间的推移变得更加偏颇？你是否夸大了它的影响，以及你在他人眼中的糟糕形象？你是否为已经发生的事情而自责？就像忧虑、反刍和悔恨一样，要摆脱羞耻感的不利影响，你要学会从不同角度看事情。请使用下面这个四步骤的练习，改变你对羞耻经历的思考方式。

练习：转变视角

下面的每个步骤练习，都侧重于羞耻思维的一个不同方面。请按照既定的顺序，完成所有步骤的练习，这将确保你获得最大的效果。首先，写下你在"羞耻经历记录"练习中列出的最令你感到痛苦的羞耻经历。

我想得最多的羞耻经历：_____

_____

步骤1：描述后果

留出30分钟时间，深入思考这段羞耻经历给你带来的短期和长期后果。在下表的左栏中，列出具体的、真实的证据，证明这段羞耻经历对你的生活产生了负面影响。接着，在右栏列出保护你的生活不受羞耻经历影响的重要方式。为了帮助你得出答案，从朋友或家人的角度，想象一下他们会如何评价这段羞耻经历对你生活的影响，将他们的想法写入你的清单中。

我的生活受到羞耻经历严重影响的方式	我的生活没有受到羞耻经历影响的方式
1.	1.
2.	2.
3.	3.

续表

我的生活受到羞耻经历严重影响的方式	我的生活没有受到羞耻经历影响的方式
4.	4.
5.	5.
6.	6.
7.	7.

你从这两份清单中发现了什么？你是否过度纠结于羞耻经历带来的负面影响？你是否惊讶地发现，自己人生中重要的东西实际上并没有受到这段羞耻经历的影响？关于这段羞耻经历的反刍思维，是否导致你无形中夸大了它给你带来的负面影响？

步骤2：确定问责的对象

当我们经历不幸的社会事件时，如果我们责怪自己，就会感到羞耻；如果我们认为责任在于自己的行为，就会感到内疚。你是否错误地用羞耻情绪取代了内疚心理？不幸的经历，是由你个人性格的缺陷或不足造成，还是由于特定的情况和你的行为而导致的错误或误解造成？通过回答下面的问题，更深入地思考它到底是你个人的责任，还是不当行为的责任。

1.我的性格中有哪些缺陷或弱点导致了这段羞耻的经历？

2.在这种情况下，是什么特殊的原因，导致我做出了令人尴尬或令人不喜的行为？

_____

_____

通过这两个问题，你是否看到责怪自己和责怪自己的行为之间的区别？想象一下，你因为在别人面前对好友说了一句不中听的话而感到羞耻。如果你责怪自己，认为"我又犯错了，我真是个不友善、自私、喜欢背后捅刀子的人"，你就会感到羞耻。反过来看，如果你想的是："那句不中听的话从何而来？我平时说话一向比较小心的。我一定是在谈话中忘乎所以了，才会说出这样不经大脑的话。"当责备的焦点集中在个人缺陷上时，责备更具有谴责性，会很容易导致自责或自我贬低，而把责任转嫁到针对具体情况的错误行为上，会降低其对情绪的破坏强度。

步骤3：审视观众

想一想当你产生羞耻的情绪时，有谁在场。与羞耻感相关的反刍思维，通常倾向于想象我们因此而失去了重要人物的认可、尊重和社会地位。但我们不可能知道那些见证了我们羞耻经历的人的真实想法，所以我们只能猜测。下面的工作表要求你寻找具体的、现实的证据，证明你失去了他人的尊重。重要的是，在填写表格时，不要仅凭自己的想象，而是要看看事件发生时和发生后的真实情况。在表格的右栏中，列出你仍然得到生活中某些重要人物尊重和重视的证据。

我因羞耻经历而永远失去他人尊重的证据	我因羞耻经历而仍然得到他人尊重的证据
1.	1.
2.	2.
3.	3.
4.	4.
5.	5.
6.	6.
7.	7.

完成步骤3的练习之后,你是否发现有很多证据表明,你仍然受到他人的重视和尊重?当羞耻的想法反复出现时,我们似乎很明显地失去了他人的尊重,以至于你无法看到羞耻事件之外的证据。因此,意识到你对羞耻的看法与其他人的看法不同变得至关重要。对他人来说,这并非什么生死攸关的重要时刻,也不能定义你这个人。对他们来说,你的意义远大于你的耻辱!

步骤4:换一个角度看问题

完成了前面三个步骤的练习,是否让你开始看到思考自身羞耻经历的一种不同方式?你是否发现了确保生活不会受到羞耻经历影响的重要方式?有没有可能,这些羞耻的经历,是因为一时失误或判断力差，不是因为你个人的缺陷造成的？你是否真的像你想象的那样，失去了社会吸引力和对他人的价值？想象一下，你最亲密的朋友也经历了与你相同的羞耻体验。根据你在这个练习中得到的经验，你会给你的朋友什么样的建议，确保他们能够正确地看待羞耻经历？你的朋友应该采取什么最合理、最现实的观点？把你的建议写在空白处。

给我朋友的建议：_____

_____

你的建议可能包括：为什么羞耻的经历并不像他/她想象的那么糟糕。在你的建议中，你是否鼓励朋友停止自责，转而将羞耻经历视为一种令人尴尬的行为？你是否还提供了证据，证明你的朋友并没有像他/她想象的那样，失去了他人的尊重？现在，请把同样的建议用在自己身上。这种换了一种角度看问题的观点，是不是一种更现实、更合理的看待羞耻经历的方式？

这个练习是否引导你采用了一种更合理、更现实的思维方式，从而有效地减轻了你的羞耻感？如果是，那么将这种新的思维方式付诸实践就很重要。每当你回想起过去的经历并感到羞耻时，就要记得切换看问题的角度，并深入思考。想一想你会给朋友提供什么建议，以及这些建议如何适用于你。想想这些羞耻的经历并不能定义你的人生；认识到你不应该为已经发生的糗事负全责，且每个人都可能经历尴尬的时刻。回顾你在上表列出的证据，证明尽管发生了令人羞耻的事情，其他人依然尊重你。当你习惯性地陷入反刍思维时，换一种角度来看问题。这样的练习做得越多，你就会越习惯从更积极地角度看待过去的消极经历。当你做到了这一点，再次遭遇令人羞耻的事件时，你会发现转变观点将大大地减轻你的羞耻感。

如果你在完成这个练习时感到困难，不妨回想一下乔安关于丈夫背叛的新视角。从步骤1开始，乔安可以想想自己认识的那些同样遭遇了丈夫背叛的女性，想想她们的生活最终是如何重回正轨的。通过罗列羞耻经历的后果清单，乔安能够意识到，丈夫出轨的负面影响只会在短期内十分强烈，它确实造成了可能持续多年的家庭和人际关系的问题，但在她的生活中，也有一些重要的事情相对而言没有受到出轨事件的影响，比如职业发展的潜力、父母和兄弟姐妹的爱与支持、与子女的亲密关系，以及在这段艰难时期团结在她周围的朋友。乔安还拥有健康的身体、稳定的经济收入、信仰团体以及继续参加娱乐休闲活动的机会。当乔安更多地思考背叛带来的影响时，她想起了自己依然可以正常推进的日常生活的方方面面，仿佛一切无事发生。

在步骤2的练习中，乔安最终意识到，变了心的人不是自己，而是尤金，他的不忠行为、自私和不负责任威胁到了他们的婚姻。通过努力完成练习步骤3，乔安能够列出所有证据，证明在他人眼中，她是一个聪明、机智和坚强的人。随着时间的流逝，人们不再问她过得怎么样，似乎也忘记了尤金的背叛。乔安发现婚外情是如此普遍，以至于她的朋友和同事对她的评判比她想象的要少得多。这一切让乔安在练习的步骤4中，对尤金的背叛有了不同的看法。她给朋友（最终也是给自己）的建议是：

尤金抛弃了我和我们的孩子。许多夫妻的婚姻都出现了问题，但她们的丈夫并没有选择出轨，这是尤金自己的选择，因此他要为自己的决定负责。他的背叛击溃了我的生活，给我带来了很多伤害，但我不会让它决定我的一生。我人生中的许多方面依然没有受到背叛的影响，例如我的工作并没有因为丈夫的背叛而改变。人们会责怪尤金，因为是他出轨了。与结婚时相比，我的变化也并不是很大，尽管我们家面临着种种压力，但是我们这个年纪的夫妻也都差不多，我们的问题并不罕见。有很多证据表明，我的朋友、家人和同事仍然认为我很坚强、足智多谋，也许在遭遇丈夫的背叛之后更是如此。应该感到羞耻的是尤金，而不是我。我拒绝再背负他的耻辱。相反地，我会坚强而坚定地过好每一天。

减轻羞耻感的策略：彻底摆脱羞耻感

我们的行动将决定羞耻感是增强还是减弱。一个人的思想、情感和行为之间有着紧密的联系。几千年来，演员们都知道，他们可以通过自己的表演行为，给观众创造一种身临其境之感。心理学家早就认识到，每种情绪都会表现为一定的行为模式。羞耻感通常与躲避他人的冲动有关。

发现尤金出轨后不久，乔安就主动疏远了身边的朋友。她拒绝参加大多数社交活动，也不与同事闲聊。羞耻感甚至改变了乔安的言行举止，当被迫与人互动时，她变得更加沉默寡言、不那么随性、避免目光接触，而且很容易被激怒。出轨的羞耻感改变了乔安，不是变好，而是变糟了。现在，避免感到羞耻的欲望支配了她的日常生活。你是否也像乔安一样，因为羞耻感而变得更加孤僻和孤立？

就像逃避和消极被动的行为会加剧羞耻感一样，还有其他的行为方式可以减少重复性的消极想法并减轻羞耻感。如果你的行为方式与当前产生的情绪不一致，它就可能影响你的情绪。例如，鼓励抑郁的人参与一些有乐趣或成就感的活动，可以帮助他们摆脱抑郁。接下来的一系列练习，将重点讨论你可以通过改变哪些行为来减轻羞耻感。首先，让我们找出可能导致反刍思维的羞耻感的具体行为。

练习：羞耻感行为档案

下面列出了人们在感到羞耻时的典型反应。其中一些反应是试图应对羞耻感，另一些反应则体现了人们表达羞耻感的不同方式。在与你的重要羞耻经历最相关的反应旁边打钩。

☐ 避开在场的人或知道羞耻经历的人	☐ 感觉紧张、烦躁、焦虑
☐ 避开会让我想起羞耻经历的地方	☐ 感到烦躁或愤怒
☐ 拒绝谈论这段经历	☐ 心烦意乱或专注于自己的感受
☐ 在社交场合更加孤立和消极	☐ 努力掩饰羞耻感
☐ 避免与人有直接的目光接触	☐ 有时，在靠近那些知道我的羞耻经历的人时，我会全身僵硬
☐ 在人前表现出羞耻的姿态，其特点是目光向下、肩膀下垂、塌背、畏手畏脚	☐ 在知道我的羞耻经历的人面前容易脸红或羞耻
☐ 说话更小声，停顿时间更长	☐ 在别人面前感觉自己"渺小"

表中的描述，是否至少有两到三项符合你在感到羞耻时的反应？其中一些可能是身体的下意识反应，比如在人前脸红或表现出羞耻的姿态；还有一些反应可能是你刻意选择的行为，比如逃避与人相处或拒绝谈论羞耻的经历。如果你不太确定自己会出现什么样的羞耻反

应，可以通过日记的方式记录自己的羞耻反应，这可能会帮助你确定自己的羞耻行为的主要特征。

以乔安为例，她会发现回避的表述最符合自己的行为特征。她回避那些会让她想起尤金出轨的人和地方，因为在这些情况下羞耻感最为强烈。但羞耻感也改变了她与人交往的方式。在与人交谈时，她会变得紧张、粗鲁、心不在焉。她变得更加被动，主动与人疏远。通过她的行为，乔安发出了一个强烈的信息：让我一个人沉浸在痛苦中吧。实际上，乔安是在试图避免感到羞耻，这是一种最令人不安的负面情绪。

我们需要先获得改变的动力，才有可能改变自己应对羞耻的行为。你需要首先确信你目前的羞耻反应是有问题的。在大多数情况下，这意味着你会刻意地试图隐藏自己或躲避他人，让别人看不到你的羞耻感。下一个练习将探讨这种与羞耻有关的回避行为的个人代价，以及确定你是否应该做出改变了。

练习：评估逃避羞耻的代价

以写日记的方式记录自己的羞耻经历，收集几次感到羞耻的经历信息即可。在日记中记录这些羞耻感，以及你应对羞耻感的方式，羞耻感是如何对你的日常生活、你的工作方式，以及你对自己和他人的看法和感觉产生不利影响的。然后在日记中，以清单的形式罗列出你的羞耻反应造成的短期和长期伤害。如果你需要更多的空间，可以使用额外的空白纸张记录。

第六章　直面羞耻感

我的羞耻反应造成的短期个人代价：

1. _____
2. _____
3. _____
4. _____
5. _____

我的羞耻反应造成的长期个人代价：

1. _____
2. _____
3. _____
4. _____
5. _____

你是否在上面的空白处列出了与你的羞耻反应相关的几种重大代价？如果你在做这个练习时遇到困难，可以问问熟悉你的人，他们认为你因为感到羞耻而发生了哪些不好的改变。如果你正在看心理医生，可以在治疗过程中探讨这个问题。无论你是自己完成这个练习，还是在别人的帮助下完成，重要的是你要真正体会到改变应对羞耻感方式的重要性。

乔安可以列出她的羞耻反应带来的几种负面影响：她的朋友变得越来越少，因为她总是拒绝朋友的邀请，长时间自己一个人待着，对尤金的背叛耿耿于怀，这让她感到更加沮丧。她的同事们也不再和她闲聊，因为她总是表现出想要自己一个人静一静的态度。面对孩子们，她表现得更加烦躁，脾气暴躁，家庭责任也被她抛诸脑后。很明显,她需要在婚外情给她的生活蒙上阴影之前,改变她对待丈夫婚外情的态度。

如果你现在确信自己需要改变自己应对羞耻想法和感受的方式,那么接下来的练习将引导你完成这个任务。完成这个练习之后,它至少能够让你表现得不在乎这些羞耻感,哪怕你的内心因此而备受折磨。

练习:表现出不受羞耻感影响的方式

回顾一下你在"羞耻感行为档案"上勾选的回答。每一项都代表了一种不健康的羞耻反应。想一想你可以如何扭转这种反应,使自己的行为更健康。下面的列表提供了一些想法,告诉你如何对"羞耻感行为档案"中的每一种表现做出不同的反应。

□ 让自己主动接触当时在场或知道我羞耻经历的人	□ 绷紧并释放特定肌肉,开始感到紧张时练习控制呼吸
□ 主动去那些会让我想起羞耻经历的地方	□ 与他人交谈时,耐心倾听并给予理解
□ 向值得信赖的家人、密友和治疗师倾诉这段经历	□ 缓缓地将我的注意力转移到外部的关注点上
□ 强迫自己更多地参与社交活动	□ 更加真实,抵制掩盖羞耻感的行为
□ 与人交谈时注视对方的眼睛	□ 与人交谈时更加积极主动
□ 即使感觉不自然,也要练习保持端正的姿势	□ 接受脸红是一种自发的生理反应
□ 在与他人交谈时更加坦率	□ 在社交场合突出自己的存在,比如不回避他人的目光

接下来，写下如何以更健康的方式应对羞耻感的具体操作。这些指导应该针对你个人的具体情况，以及你在感到羞耻时的行为方式。这些指示应侧重于你在"羞耻感行为档案"中强调的两到三种羞耻反应。健康的反应与羞耻反应正好相反，它将让你在感到羞耻的情况下，依然能够与人和环境进行某种形式的互动。如果你在制定健康行为的规范时遇到困难，请向你的治疗师或你身边了解你正在与羞耻感斗争的人寻求帮助。

我的健康羞耻反应是：_____

_____

_____

如果你能够写出如何以克服羞耻感的方式行事的描述，那么就应该将其付诸实践。你可以先与知己、伴侣或治疗师练习这些健康的反应，然后再将这些策略应用到现实生活的羞耻体验中。我们将这个方法称为角色扮演治疗法，这个策略有着悠久的历史，用来帮助人们学习新的行为方式。你将会尽可能地表现得没有感到任何羞耻，哪怕你的内心的确存在羞耻感。请先在你不会感到羞耻的场景下练习这些健康的行动技巧，以提升技能。然后，你就可以在遭遇令你产生羞耻感的人或事时使用这些策略。随着时间的推移，这些健康的反应会变得越来越自然。到了这个阶段，你很可能会发现自己的反刍思维和羞耻感都减轻了。

乔安可以改变自己的一些行为，她曾经主动避开那些比她更早知道尤金出轨的亲密朋友，一个更健康的应对方法，就是开始与这些人一起参加一些他们过去很喜欢一起做的活动。乔安之前也逃避去健身房，因为她跟尤金都曾经是那里的会员。现在，她想要回到那个健身房，因为她熟悉那里的工作人员，也喜欢它提供的健身项目。再说了，她为什么要让尤金把她从健身房赶走呢？让他去找别的地方锻炼吧。她重新开始与同事共进午餐和喝咖啡，并主动询问他们每天过得怎么样。她努力与同事进行眼神交流、抬头挺胸地交流，并主动询问他们的生活情况。她试着更主动地搭话和闲聊，并集中精力提高自己的倾听技巧。在所有这些行为的转变中，乔安都在控制自己，用更主动"接近"行为来对抗自己的回避倾向。最终，改变的行为给她带来回报，她脑海中的反刍思维和羞耻感都减轻了。

用更健康的反应来面对羞耻感并不容易，这需要时间、耐心和反复的练习。你越不能容忍羞耻感，打破它带来的逃避模式所需的时间就越长。我们面临的最大挑战之一，就是从回避模式转向接近模式，因为接近行为一开始会导致羞耻等负面情绪的上升。但是，结合转换视角的策略，对羞耻感采取更健康的应对措施能够有效地瓦解你脑海中的反刍思维以及其他负面情绪。

本章小结

在本章中，你学到以下内容：

- 羞耻感是一种强烈的负面情绪，涉及因为自己在他人面前做出了令人尴尬的行为或评论而产生的自责情绪，因为你认为自己因此而失去了社会的认可或他人的尊重。它可能会导致强烈的隐藏、回避或逃避可能引发羞耻感的情境的冲动。
- 当羞耻感以反刍思维的形式出现时，我们对自身价值的信念就会一落千丈，个人痛苦也会加剧。

- 羞耻感是一种被加剧的、更严重的尴尬情绪。当感到羞耻时，自责会肆意蔓延，我们会坚定地认为自己失去了他人的尊重和认可。我们甚至会体验到一种耻辱感，它会激发我们逃避、逃离或躲避他人的冲动。
- 由于羞耻感是一种常见的负面情绪，因此，了解自己的羞耻感何时具有了滋生个人痛苦的反刍思维的特性非常重要。
- 如果我们能纠正关于羞耻感起因和后果的不准确和夸大的想法，并对这种体验采取更现实、更合理的观点，就有可能减轻能纠正符合反刍思维定义的羞耻感带来的痛苦。
- 真正减轻羞耻感，需要我们改变行为。当我们能够采取直接袒露羞耻感，直面其触发因素等更健康的反应，取代回避和隐瞒的行为时，改变才会真正发生。

下章内容预告

消极的社交环境触发的负面情绪并不只有羞耻感这一种。羞辱感是另一种自我意识情绪，与羞耻感非常相似。与羞耻感一样，羞辱感也会让人深陷其中，成为个人痛苦和逃避态度的重要根源。但是，羞辱的影响、人们如何应对羞辱，以及克服羞辱的策略，都不同于羞耻感，这就是我们下一章的主题。

第七章

克服羞辱感

第七章　克服羞辱感

法国摆脱纳粹占领并获得解放后，数以千计的法国年轻女性被指控与德国士兵有性关系或恋爱关系，她们被当众剃光头、游街示众，街道两旁挤满了嘲笑的人群。她们中有些人半裸着上身，身上溅满焦油，并被涂上纳粹标志。这样做的目的，是彻底羞辱一个弱势群体，以发泄法国人多年来对纳粹暴行的愤怒。

几个世纪以来，羞辱一直在酷刑中扮演着核心角色，其目的是造成心理打击，剥夺个人的尊严和价值。极端羞辱对人的影响远不止身体的疼痛与心理的痛苦，其目的是贬低，甚至是抹杀受害者的自我价值，灌输一种他们不配为人的理念。

大多数人都没有经历过酷刑，或被迫游街示众，直面拥挤人群的嘲弄，所以你可能会觉得，本章的内容或许与你感受到的痛苦无关。不幸的是，羞辱的存在比你想象的要普遍得多。每天都有成千上万的人遭受他人的羞辱，而这些经历会对他们的自我价值造成长期的重创。

请回想一下，你自己、你的朋友或家人是否曾经遭受过他人的嘲笑、蔑视、轻视、欺凌、贬低或其他形式的贬低行为，这可能发生在工作、学校、家庭或其他社交场合。遭遇这些经历时，被伤害的人往往会感觉受到羞辱。羞辱是一种让人深感不安的情绪，它不仅会让人感到强烈的痛苦，而且还会严重地损害个人尊严和价值。受到羞辱的经历往往令人难以忘怀，并可能被视为足以改变人生的重大事件，这也使羞辱感很容易成为反刍思维。当我们反复回想过去被人轻视的经历时，羞辱感会持续数月甚至数年之久，这就会形成一个负面思想和消极情绪的大熔炉，导致我们怀疑自己的尊严、尊重和个人价值。

鉴于本章论述的主题是羞辱感，我们首先会解释羞辱感的基本特征，因为这是一种对大多数人而言相对陌生的情绪状态。然后，我们以马丁为例，他忍受了多年的职场霸凌。接下来，我们将提供两种评估工具，帮助你确定羞辱感是否是令你感到痛苦的原因。最后，本章将提供两种应对策略，帮助你在遭遇羞辱后重建自尊和尊严。

羞辱情绪

羞辱是一种创伤性的情绪体验，意味着一个人社会地位的丧失、被拒绝或被排斥，原因是具有较高地位、影响力或权威的人对其施行了未曾预料且通常不应有的蔑视、嘲笑、欺凌或贬低。羞辱者通常是拥有控制受害者的权力和发号施令的权威的人，他们当着其他人的面嘲笑或贬低受害者。与羞耻感一样，目击者的存在会加剧羞辱体验的严重程度。羞辱的受害者认为这种贬低是不公正的，且羞辱者对其造成的创伤体验负有全部责任。

在羞辱的经历中，我们更有可能因为自己的身份和存在而受到欺负或贬低，而不是因为我们做了什么错事。不管你做了多少有用的事情，你的同事都可能因为对你"一见不喜"而嘲笑或讥讽你。此外，羞辱并不是什么无心之失，羞辱者总是知道他们在做什么，他们知道自己试图剥夺受害者的自尊，给受害者带来精神上的痛苦和折磨。羞辱的行为通常当着其他人的面进行，因此受害者还会同时感到羞耻。

羞辱的受害者知道他们不应该受到嘲笑，但他们无力阻止他人的羞辱行为或保护自己，这可能导致受害者产生愤怒情绪和报复欲望。

第七章 克服羞辱感

因此，羞辱经历往往与抑郁、自杀和报复倾向等各种心理问题有关。此外，公开羞辱的行为往往会加剧羞辱的负面影响，因为受害者认为，自己的软弱可欺已经被暴露在其他人面前，自己在社会中的存在价值也被贬低了。而且，羞辱还具备累积效应，即羞辱经历的持续时间越长、次数越多，其负面影响就越大。而受到羞辱的人对这种被羞辱的经历、为什么它会发生、它是如何影响自己的生活，以及它是如何成为一种彻底改变人生的经历的重复性消极思考，会加剧其负面影响。反复幻想报复羞辱者，也会加剧羞辱感。

在美国，四分之一的女性和九分之一的男性，在其一生中的某个阶段，都曾遭受过亲密伴侣的施虐。这使男女之间的亲密关系成为最常见的一个羞辱来源，而几乎总是伴随着家庭暴力出现的情感虐待才是造成婚内或恋爱关系中羞辱的罪魁祸首。喋喋不休的侮辱、咒骂、威胁、大喊大叫、过度监视和控制、侮辱性言论等会对一个人的自我价值产生破坏性影响，并导致严重的心理健康问题。

身体层面和精神层面虐待的毒害作用，部分是由于侮辱造成的。如果这些侮辱和嘲笑发生在孩子、家人、朋友面前或公共场所，其负面影响的破坏性最强。如果你曾遭受父母或亲密伴侣的虐待，那么这些阴魂不散的虐待后遗症的重要组成部分，就是羞辱感。如果是这样，你将会发现本章提供的练习和工作表能够帮助你克服与虐待有关的羞辱感。

研究表明，超过6000万美国员工沦为了职场欺凌的受害者。职场欺凌的定义是"任何威胁、恐吓、羞辱、破坏工作或辱骂的重复性、伤害性虐待行为"。羞辱是工作场所欺凌的常见形式，因为我们中的大多数人都在办公室、商店和工厂与他人并肩工作，我们需要向权威人物汇报工作，如主管、经理、总监或副总裁等，这种权力的等级差，使工作场所与家庭一样，成为滋生侮辱行为的沃土。例如，马丁就在工作中遭遇了多次羞辱。

● **马丁的故事：遭遇职场欺凌和羞辱**

马丁在一家大型保险公司担任理赔员长达11年。他的主要工作内容是：与客户会面，检查财产损失或损坏情况，然后提交报告，建议保险公司应该向客户支付多少赔偿金。他需要进行大量的调查研究，他撰写的理赔员的报告需要经过管理人员的严格评估，这些管理人员的目标，就是批准尽可能低的赔付额。每周，几名理赔员都要一起开小组会议，除此之外，每个理赔员还需要与其直属经理之间每天进行一对一的交流。

三年前，马丁部门新上任的经理刚上任就表达了对马丁的不喜。在小组会议上，每当他对马丁的报告进行评论时，他都会大声斥责、充满愤怒并做出带有侮辱性的评价。他经常对马丁的报告吹毛求疵，却很少挑刺其他理赔员的报告。他会对马丁说一些侮辱性的话，如"你竟然还没有被解雇，简直令人难以置信""你怎么会这么蠢？"或"你都当理赔员多久了，还会犯这样的错误？"。因为马丁个子矮小、头发稀疏、皮肤惨白，他还给马丁取了一个充满侮辱性的绰号。

他经常当着其他人的面嘲笑、戏弄马丁，开马丁的玩笑，以博众人一笑。他会把更难的案子交给马丁，然后强行要求马丁在不合理的最后期限内提交报告。马丁是一个说话温和、拘谨的人，当他偶尔在会议上发言时，这个经理会直接打断、训斥他，或者彻底忽略他的意见。

长达数个月的职场欺凌开始对马丁的身心健康造成严重伤害。他在工作中变得越来越紧张、焦虑和恐惧。他开始晚上睡不着觉，变得更加孤僻。他对自己的工作能力失去了信心，这导致他犯了更多的错误。他感到自己能力不足，并开始感到沮丧。他出现剧烈的胃痛、恶心和腹泻，医生诊断为肠易激综合征（IBS）。最重要的是，马丁发现自己感到沮丧，认为自己没有价值，低人一等。他认为自己失去了别人的尊重，别人现在肯定觉得他软弱无能。

马丁试图阻止这种欺凌行为，他尝试过直接面对这个经理并为自己辩护，但对方干脆直接忽视了他的抗议或大声呵斥。他到人力资源部门投诉经理的欺凌行为，但没有得到任何回应。随后，他以工作场所骚扰为由提起正式申诉。公司派人进行了调查，经理受到了训斥，但没有任何改变，欺凌行为仍在继续。最后，马丁离开了公司，换了一份薪水和福利都更低的工作。

但是，马丁无法摆脱这段屈辱的阴影。他在上一家公司遭受的欺凌永远地改变了他。自我怀疑取代了自信，他无法摆脱自己不如别人的感觉。他知道自己不应该受到这样的对待，却没有人站出来阻止这场霸凌，导致他不得不继续忍受痛苦的折磨。他发现自己很难再信任别人，因为他觉得自己忍受着痛苦、被人背叛，沦为这个残酷而充满敌意的世界的牺牲品。

像马丁一样，你的羞辱经历可能源于工作场所的欺凌，又或者你可能被困在一段充满虐待的亲密关系中。在这段关系中，你遭受着对方无休止的批评、贬低和侮辱。你可能无法停止思考自己在他人面前遭受过的尖刻批评，它让你感觉自己被彻底摧毁了。也许你感受到的最严重的羞辱经历可以追溯到童年或青春期，当时你的父母、老师或朋友成为那个捅刀子的人，让你自此丧失了个人价值、尊严和自尊。

人生中存在各种各样的羞辱：一位人到中年的妻子，遭受了丈夫的性虐待和肢体虐待，她的丈夫强迫她与其他人发生性行为，严重地折辱了她的人格；一名患有自闭症的年轻人，在仓库工作时受到严重的嘲笑、欺凌和骚扰，最终不得不辞职；一名青少年沦为了网络欺凌的受害者，她在社交媒体上发现了有人发布了羞辱其人格的图片、不实谣言、威胁和令人尴尬的个人信息；一名大学运动员经历了一次过分的欺凌仪式[①]，这对他的尊严和自尊造成了令人难忘的伤害。

这些羞辱经历的描述是否令你感到熟悉？你是否也曾有过被人羞辱的经历？我们可能都有过被人批评、轻视或戏弄的痛苦经历，毫无疑问，你将因此而感到难堪，甚至羞耻，可能这让你非常烦恼，以至于几天甚至几周后都无法停止回想。但这能算得上是一次羞辱性的经历吗？如果是，这种羞辱是否严重到导致你现在感受到的个人痛苦？下一节内容，将解释如何评估你的负面社会经历是否属于羞辱。

羞辱经历评估

有时候，施虐行为可能是无意的，但更多时候是由卑鄙或缺乏安全感的人刻意所为，通过贬低他人，他们会获得一种高高在上的感觉。敌对、愤怒、自私和残忍，在我们的人际关系中比比皆是，而且施暴者往往是我们最爱、最珍视的人。此外，施虐者往往是那些对受害者拥有一定权威或重要影响力的人，如配偶、父母、兄妹、钦佩的朋友、老板或老师。因此，要确定羞辱是否是造成你心理问题的重要

[①] 一种在某些组织或团体中进行的仪式，通常涉及对新成员进行身体或心理上的虐待或羞辱，如美国的兄弟会或姐妹会等。——译者注

因素，我们就需要从你身边最重要的人际关系入手。下面的练习将帮助你发现，羞辱是否在你过去的社会经历中发挥了消极作用。

练习：羞辱经历记录表

列出你过去在别人面前被讥笑、嘲笑、欺负、贬低或轻视的受虐经历。简要描述这段经历，包括施虐者对你做了什么，当时有谁在场，谁羞辱了你，羞辱了多长时间，以及这段经历给你带来的感受。根据以下标准，在符合羞辱条件的经历上写下"H"的标记：

- 虐待你的人拥有高于你的权威、权力或地位。
- 虐待是出乎意料的、突然的和不应该的。
- 你没有什么责任或过错，他人对你的虐待，是因为你这个人和你的存在，而非你的错误行为造成。
- 至少有另一人在场目睹了整个虐待行为。
- 你感到自己被贬低、贬值、软弱和无能为力。

1.	6.
2.	7.
3.	8.
4.	9.
5.	10.

羞辱不仅是指受到拥有更高权威或更大影响力的人的虐待，它还包括其对个人的影响，以及你为解决羞辱经历而做的努力。下一个练

习，列出了通常与虐待相关的负面后果和应对措施的清单。这张清单能够帮助你确定，是否你关于这段羞辱经历的反刍思维导致了羞辱事件的消极影响经久不散。

练习：羞辱经历核查清单

回顾你在上一个练习中列出的羞辱经历，并选择你反复回想得最多的一段经历。在空白处写下这段经历。接下来，仔细阅读下表中的各项陈述，勾选每项陈述在多大程度上描述（适用于）你在回想这段羞辱经历时的反应。

我想得最多的、令人痛苦的羞辱经历是：_____

_____

当我回想起发生的事情时……	0 不符合描述	1 有点符合描述	2 较为符合描述	3 非常符合描述	4 完全符合描述
1. 我感到愤怒。					
2. 我想到自己是如何被他人"贬低"或感到自己无足轻重的。					
3. 我又重新体验到当时那种无能为力的感觉。					
4. 我经常想象如何报复那个羞辱我的人。					
5. 我的脑海中会无缘无故地蹦出有关这段经历的记忆。					
6. 这让我感到沮丧和压抑。					

续表

当我回想起发生的事情时……	0 不符合描述	1 有点符合描述	2 较为符合描述	3 非常符合描述	4 完全符合描述
7. 我想到自己遭受的嘲笑、欺凌和蔑视。					
8. 我努力地不去回想这段经历。					
9. 我想我受到不公平的待遇,是因为他们针对我这个人,而不是因为我做错了什么。					
10. 我想到自己是如何被他人贬低,并且在他人面前蒙羞的。					
11. 我想到这对我的自尊造成的伤害。					
12. 我想到自己的底线是如何被一个对我有影响力或权威的人侵犯的。					
13. 我依然能够生动地回忆起遭受羞辱的整个过程。					

如果你的大部分评分都在2到4分之间,那么重复性的消极思维可能会导致你的羞辱感持续存在。如果评分在0到1分之间,说明你已经妥善地处理了羞辱的经历。如果你在填写检查表时遇到困难,请像上面一样,考虑寻求治疗师或咨询师的帮助。

让我们以马丁在工作场所遭受欺凌的经历为例,更好地理解健康的羞辱反应和不健康的羞辱反应之间的区别。在找到新工作后,马丁可能会坦然地接受过去遭受的欺凌,恢复健康的自我价值和尊严。又或者,对经理欺凌行为的反复思考和回忆可能会持续数月甚至数年。我们可以称之为"重复性的、消极的羞辱感"。表现出反刍思维特征的羞辱感更具破坏性，会导致马丁继续感到被人贬低、沮丧和气馁。

反刍思维型的羞辱

马丁对"羞辱经历核查清单"的回答表明，他仍然对经理施加的折磨记忆犹新。如果他总是想到自己因此在别人面前多么的没面子，那么他的羞辱记忆就会反复出现并导致心理问题。如果想到他所经历的无能为力，并怀疑这是否是他自找的，这种记忆就会变得更加糟糕。而如果马丁一心只想着对羞辱者的愤怒和报复欲望，则会加剧羞辱感。此外，努力压制羞辱记忆，或使他想起这个经理的触发因素，也会让羞辱的火焰越烧越旺。

健康的羞辱反应

如果你曾经是欺凌或羞辱行为的受害者，你可能很难想象出一种健康的方式来应对羞辱。你需要解决的一个挑战，是如何走出羞辱感，使其不再成为决定你人生成败的事件。如果马丁已经从经理的欺凌中恢复过来，那么他在"羞辱经历核查清单"中的回答将表明他已经降低了嘲笑、批评和欺凌的重要性。他会把这种工作场合的欺凌归咎于那份工作和经理有缺陷的性格，而不是他自我认同中的缺陷或弱点。他会意识到，同事们将不再尊重经理（羞辱者），而不是不再尊重他。马丁会拒绝让羞辱继续影响他的行为或决定，他会勇敢地面对那些目睹了工作场所欺凌行为却不作为的人。他将放弃任何报复该经理的想法，因为这不会改变任何事情。最后，他将专注于那些肯定他的力量、能够接纳他的存在，以及影响他生命中重要人物的那些经历。

花点时间回顾一下你在前面两个练习中写下的信息，它们符合哪种情况？你的反应是更像马丁对羞辱的健康反应，还是更像重复性的、消极的羞耻感的例子？如果你的评估结果显示，你已经出现了符合反刍思维标准的羞耻感，下面的自我同情和自我价值练习将帮助你减轻羞耻感，重新找回自尊和尊严感。

最重要的事：停止羞辱行为

本章想要解决的重点问题，是羞耻感带来的持续性影响。本章设计的练习，旨在解决你对过去欺凌事件的反刍思维，因为它将导致持续的羞耻感和痛苦。练习的前提是，这些虐待和欺凌的行为已经停止。

如果你仍在遭受嘲笑、侮辱、欺凌或身体或精神虐待，你必须找到一种方法来阻止这些行为。你可能需要向相关方报告这些虐待行为，以便他们对羞辱者采取行动。有时候，当虐待的行为被发现、得到监督或人们明确地表示不容忍时，施虐的行为就会停止。如果外界无法提供帮助，你可能需要离开施虐的环境或终止关系，以防止自己进一步遭受欺辱。马丁试图通过正式的申诉程序伸张正义，制止虐待行为，但没有成功。因此，他最终选择辞职另谋高就。无论如何，你都需要采取必要的行动，停止虐待的行为。因为只要你还在遭受羞辱，你就无法努力恢复自我尊严。这就是为什么下面的练习只适用于那些已经离开了虐待或欺凌关系，正在努力恢复尊严和自我价值的人。

减轻羞辱感的策略：自我同情

如果你曾遭遇过他人的羞辱，你就会知道这是一种残酷和有损尊严的行为。毫无疑问，你已经清楚地体会到它对你的情绪和自尊的短期消极影响，但它的长期负面后果可能不那么明显。遭遇羞辱的经历，会让你更难对自己友善、亲切和富有同情心，因为我们往往将这种经历归咎于自身，因此不再相信自己值得被爱、被接纳和被尊重。当这种情况发生时，消极、自我批评和自我贬低就会取代对自己温和、同情的态度。因此，自我同情是从帮助你从羞辱中治愈和恢复的关键因素。

英国心理学家保罗·吉尔伯特是"同情聚焦疗法"（CFT）的创始人，他认为同情是人类大脑中固有的基本品质。他将同情心定义为"一种仁爱的态度，包括对痛苦的深刻认识以及缓解痛苦的强烈愿望"。吉尔伯特认为，抑郁、愤怒、羞耻、内疚和失望等负面情绪状态的根源，在于自我批判和被他人贬低的体验。因此，有效的补救措施，是通过同情心训练练习，增强自我同情。

同情聚焦疗法的研究人员确定了自我同情的六个属性（我将在下一个练习中介绍）。在学习对自己更仁慈、更宽容时，使用下面的核对表来确定你可能需要更多关注自我同情的哪些方面。

练习：自我同情核对表

下表列出了自我同情的六个特征的描述。如果你的羞辱经历曾对自我同情的某项特征产生了负面影响，请勾选相应的选项。

自我同情的特征	未受到羞辱经历的影响	受到羞辱经历的影响
关怀幸福：一种更关心自身幸福的倾向。		
体恤/敏感性：你对个人需求和感受的认识和敏感程度。		
同情：一种开放的态度和能力，让自己能够被自身的感受、需求和苦恼影响（这与对自己冷酷无情正好相反）。		
忍受痛苦：一种面对和容忍自己的负面情绪、想法和情况的能力。		
共情：理解自己的想法和感受的能力。		
不评价：即使你受到羞辱，也能对自己采取接受、不谴责的态度的能力。		

羞辱往往使你难以实现自我同情。这张"自我同情核对表"可以引导你确定，自我同情的哪些方面受到你的羞辱经历的影响最大。在进行自我同情的训练时，你需要将注意力集中在这些受影响最严重的特征上。例如，马丁在表达自我同情时可能会遇到困难，因为职场欺凌对他的痛苦容忍度、同情和不评价等特征产生了特别严重的负面影响。很明显，马丁需要聚焦在接受这种羞辱经历，是由于他的经理的性格缺陷造成，而不是将自己归咎为受害者之上。完成这个练习之后，你发现你的羞辱经历影响了自我同情的哪些方面？你需要在哪些方面下功夫来提高自我同情？

自我同情训练的下一步包括两个部分：首先，你需要正视这些羞辱的经历，从而加强痛苦容忍度、同情和不评价的能力。具体做法是在头脑中反复重温羞辱经历，这就像你在第三章中完成的"忧虑的有序暴露"练习一样，只不过这次你是在想象曾经发生过的羞辱经历。这似乎是个糟糕的主意，因为你最不想做的事情就是重温那些可怕的经历。下面这五个原因，可以解释为什么强迫自己反复想象遭受羞辱的经历会让人产生自我同情：

- 你容忍与被羞辱记忆相关的负面情绪的能力将得到加强（痛苦容忍度）。
- 你将更加理解自己为什么会感到如此痛苦和失去自尊（共情）。
- 这将提高你对自己的感受以及与羞辱相关的需求的认识和开放性（体恤/敏感性和同情）。
- 你将发展出更强大的自我同情形象，这是自我同情训练的第二部分。
- 反复回忆羞辱的经历，最终会减弱其情绪影响。

练习：回忆羞辱的经历

根据你在第一个练习中列出的羞辱经历，在下方的空白处写出对羞辱事件的更详细的描述。如果你在很长一段时间内遭遇过多次羞辱经历，请选择两到三次代表性的经历进行描述。参考下列陈述，编写更详细的羞辱叙述。

1. 描述羞辱发生的地点或环境。

2. 写下羞辱你的人使用的特别贬低、侮辱或伤害性的确切用词或表述。

3. 描述任何表现为人身攻击行为、侮辱行为、贬低手势或其他不尊重你的行为。

4. 写下那些目睹了羞辱过程的人的姓名、他们的反应，以及你认为当时他们有什么想法和感受。

5. 使用具体的情绪词语来描述你在受到侮辱时和侮辱后不久的感受。

6. 在叙述中加入你当时的具体想法。你是否出现了自我批评、自责和自我厌恶的想法？你是否想到了自己经历的卑鄙和不公正？你是否觉得自己低人一等或不如别人有价值？

羞辱经历的叙述：_____

_____

_____

_____

_____

完成羞辱经历的叙述之后，每天留出二三十分钟，在脑海中重温那段羞辱的经历。利用叙述的内容，形成对羞辱经历的准确而生动的记忆。一开始，你在回想这些羞辱经历时，可能会感到强烈的痛苦，但随着时间的推移，痛苦会逐渐消退。在练习时，你可能会想起有关羞辱经历的新细节，因此你需要修改羞辱叙述，将这些新信息纳入其中。

请看看下面的羞辱经历叙述，马丁将其作为自我同情训练的一部分。

我现在仍记得每周召开审查会议的会议室。所有的理赔员都围坐在一张桌子旁，汤姆（欺凌我的经理）坐在桌首。我尽可能地坐得离他远一点,但他是个大嗓门,又暴躁易怒,所以我总是感觉无处可躲。他似乎总是瞪着我,他一走进来我就能感觉到他对我的蔑视。他总是以一个嘲笑秃头的笑话开始会议,这令我觉得坐立难安,因为我是整个会议室里唯一谢顶的人。他会关切地询问每个人的工作情况,唯独不问我。他总是冷淡地叫我"布朗先生",但对其他人却直呼其名,以示亲近。当我做报告时,他会不断打断我,说:"布朗先生,你能不能说重点,我可没那么多时间。"他对我的批评尤其尖刻,因为我记得他曾说出这样的评论:"我完全不同意你的结论""你没有做足够的研究"或"很明显你不知道自己在说什么"。我还记得当他嘲笑我时,其他人是如何低头看地面,刷手机,或在座位上尴尬地扭动身体,假装没看见的样子。事后,我的几个好友过来对我说:"马丁,你不必承受这些,你需要站出来为自己辩解。"但这一切让我感到羞耻,我对每周的例会越来越焦虑。有几次,我焦虑到恐慌发作,不得不突然离开会议室。我还记得,几分钟后,我还要顶着同事们怜悯的注视和汤姆的冷嘲热讽回到会议室。我开始认定自己不够优秀,不称职,并且不再胜任我曾非常专业和擅长的工作。

这个练习实际上要求你通过回忆这些羞辱的经历,真正面对你的脑海中已经存在的记忆和感受。这将增强你对痛苦的容忍度、共情能力和理解力。如果在重复10到12次羞辱回忆后,你的痛苦没有减轻,请停止练习,并与专业的治疗师一起改善你对羞辱经历的反应。如果回忆羞辱经历的练习给你带来了糟糕的体验,这可能表明你应该去看心理健康专家,更好地评估羞辱经历对你的心理影响。

完成帮助你直面羞辱经历的回忆练习之后,你应该扭转羞辱经历的叙述了。不可否认,羞辱者在你的叙述中扮演了重要的角色。现在，你需要重写这段叙述，你可以想象一个富有同情心的人在挑战羞辱者。这个富有同情心的人，将为你——羞辱事件的受害者——提供强烈的爱、关怀、理解和同情。下面这个练习将帮助你围绕自己的羞辱经历，建立自我同情。

练习：想象一个充满同情的人

回想父母、兄弟姐妹、祖父母、亲密朋友、导师、老师或任何对你表示过同情的人，想想这个人有什么样的特点，如智慧、内在的强大力量、爱、快乐和乐观等。回忆一下这个富有同情心的人是如何对你表达温暖、关怀、仁慈、接纳、理解和肯定的。写下这个对你而言很重要的同情者的详细描述，以及他/她对你表达关爱的具体方式。

富有同情心的人：_____

_____

_____

_____

_____

_____

接下来，想象一下，当你经历前面叙述的羞辱时，你的同情者也在场。如果你的同情者在你经历羞辱时在场，他们会怎么做？他们会如何回应羞辱你的人？有同情心的人会如何对你表达仁爱？通过回答下面的问题，在下面的空白处写出一个富有同情心的情景。

1. 有同情心的人会对你说什么，来反驳羞辱者的嘲笑和侮辱？

2. 有同情心的人如何对你表示爱和接纳（拥抱你、安慰你等）？

3. 有同情心的人会对那些目睹羞辱的人说什么，如何表达对你的支持？

4. 富有同情心的人会说什么来增强你的自我价值、价值、尊严和尊重？

回想得到同情者的温暖、爱和理解的感觉。想象在受到羞辱时，你被同情者抱在怀里是什么样的感受。

关于我的富有同情心的人的叙述：_____

_____
_____
_____
_____
_____

完成想象中的同情叙述后，每天留出二三十分钟，练习想象在羞辱过程中出现一个同情者。你可能会发现这个练习有点困难，因为你是在创造一个新的形象，而不是重温已经发生的事情。一开始，你可能不会因为这种富有同情心的想象而感到欣慰，但随着反复练习，你会发现自己的注意力从伤害和自我批评转移到爱和接纳上。每当你想起曾经遭遇的羞辱时，这将成为你增强自我同情的基础。

以下是马丁以自我同情的方式讲述职场欺凌的示例：

从我很小的时候起，我的祖父就向我展示了无条件的爱和接纳。我可以想象，在那些可怕的每周例会上，他就坐在我身边。他是一个高大的形象，强壮而自信。如果他在场，他会当面指责汤姆的侮辱性言论。他会坚持要求汤姆以专业的态度对待我（对事不对人），提醒汤姆我具备足够的能力和认真负责的态度。他会搂着我，大声地驳斥汤姆给我造成的愤怒、苦闷和不安全感，因为汤姆这个小人觉得我的存在威胁到了他的权威。我的祖父会提醒我，我是多么受人爱戴，我的家人和朋友是多么的钦佩我。我能感受到祖父的温暖和爱，他对我的信任，以及他对我的价值和善良的信念。因为我的祖父是我们大家庭中最像一根定海神针的家长，他对我的看法是最真实的，因为他看着我从出生到现在的一路发展，他非常地了解我。在我需要帮助的时候，是他的声音和他的慈爱包围着我。

我们本能地知道，面对创伤、虐待或羞辱，我们需要他人的同情和支持。但我们可能很少意识到，面对这些负面的经历时，我们同样需要自我同情。对自己的责备、批评、怨恨和痛苦，并不能恢复尊严和自我价值。相反，只有爱、仁慈、接纳和理解，才是促进创伤的愈合，找回完整自我的正确做法。本节中的练习可以帮助你增强自我同情的态度，但你还可以做更多的事情来克服羞辱的不利影响。

减轻羞辱感的策略：聚焦自身的优点

羞辱是一种严重的负面经历，它扭曲了我们对自己的看法。随着时间的推移，我们会认为自己很糟糕、不够好或毫无价值。你遇到过这种情况吗？羞辱是否已成为你人生中的一个决定性因素，以至于你忘记了自己的价值或身上的优点？加强自我同情并不是从羞辱中恢复的唯一途径。

第二条恢复途径，是重新找回自己的优点，以及自己对家人、朋友、工作和社区的价值。当人们表达对我们的赞赏、尊重和接纳时，我们的自我价值就会得到提升。但是，羞辱对我们的尊严和自我价值造成了如此巨大的冲击，以至于我们对积极的社会反馈变得麻木或不信任。要重建自我价值，首先要更加关注他人的接纳和积极认可。下面的练习提供了一个日记练习法，帮助你记录自己得到他人接纳、重视和尊重的社交经历。

练习：自我价值日记

用日记写下每天得到他人接纳、重视或积极认可的经历。它可以是一句赞美的话，也可能是别人尊重地倾听你的观点，还可能是一个让你感到被需要和被重视的举动。写例子时要确保具体，应包括让你感到被需要和被重视的人说了什么或做了什么。大多数社会交往发生在我们生活的某些领域，因此请将例子写在相关的生活领域下。

生活领域	关于自我价值、意义、认可和成功体验的记录
工作&学习	
家庭&亲密关系	
友谊&社交圈子	
健康&身体保健	

续表

生活领域	关于自我价值、意义、认可和成功体验的记录
休闲&娱乐	
社区与公民活动	
精神&宗教信仰	

几天后,回顾一下你的自我价值日记。你是否对自己生命中的重要人物,对你的行为、观点、知识或品格表示赞美、认可和尊重的次数感到惊讶?你是否在生活中的某些方面比其他方面得到了更多的积极评价?这个日记对你在他人眼中的尊严、价值和意义有何启示?如果你只能填写上表几栏内容,有没有可能是你错过了他人对你的积极评价?你可能因为受到羞辱而感到非常受伤或灰心丧气,以至于你的大脑彻底忽略了他人对你的认可和尊重。如果这种情况发生在你身上,你需要花更多的时间收集可以写入日记的积极肯定或评价。你可能还需要治疗师、朋友、伴侣或家人的帮助,以认识到你在日常生活中获得的积极评价。

如果你在很长一段时间内经历了多次羞辱事件,重建自我价值将需要时间。马丁在工作场所遭受了多年的严重欺凌。当他最终辞职并开始一份新工作时,他的自尊心降到了历史最低点。他深信自己低人一等,对自己的工作技能也失去了信心。马丁花了数周(甚至数月)的时间,在"自我价值日记"中写下了他得到新经理和同事认可和尊重的所有经历，以消除过去职场欺凌造成的伤害。对马丁来说，集中精力捕捉工作领域中的积极评价是非常重要的，因为这正是羞辱发生的地方。例如，如果你的羞辱发生在职场领域，你应该重点记录在这个生活领域内得到认可和尊重的事例。

可能你刚刚结束了一段受虐的亲密关系，正试图重建自己的生活。如果你已经开启了一段新的恋爱关系，不妨留出一些时间，认真地记录得到爱和尊重的体验，这一点很重要。你可以将这些证据记录到家庭&亲密关系的类别下。无论你觉得哪个生活领域与你最相关，你都需要付出大量努力，来认识到他人的尊重和价值。不幸的是，我们通常需要三到四个积极因素，才能抵消一个消极因素的不利影响。自我价值日记是一种有效的工具，你可以利用它来重新训练自己的思维，让自己在日常生活中更容易关注到他人的积极评价。随着时间的推移，你将能够重建被羞辱影响击碎的价值感和自尊感。

本章小结

在本章中，你学到以下内容：

- 羞辱是一种创伤性的情感体验，包括被地位或权威较高的人无端嘲笑、引诱、欺凌或贬低。
- 反复出现有关羞辱的负面想法和记忆的人，会经历持续的情感痛苦和折磨，以及尊严和自我价值的丧失。
- "回忆羞辱经历记录表"和"羞辱经历核查清单"可以帮助你确定羞辱是否是造成你情绪困扰的重要因素。
- 从情感创伤中恢复的第一步，必须是停止羞辱。
- 通过"同情聚焦疗法"的练习，学会对自己更仁慈、更有同情心和更宽容,这是帮助你从羞辱中恢复的一个重要因素。
- 有意识地监测他人对自己的积极评价和肯定,是重建自我价值、尊严和尊重的重要方法。

下章内容预告

羞辱感是不公正、错误行为和施加伤害行为的产物,但羞辱感并不是与不公正遭遇相关的唯一情绪。愤恨是另一种负面情绪,它可能源于我们对他人错误行为的愤怒和怨恨。当愤恨以反刍思维的形式挥之不去时,就会造成相当严重的不快、痛苦和烦躁。愤恨是本书想要解决的最后一种负面情绪状态,也是本书最后一章的重点。

第八章

走出愤恨情绪

第八章　走出愤恨情绪

人生属实不易，它充满了无数的要求、责任、挑战和问题，毋庸置疑，身处快节奏的21世纪，对大多数人而言，生活充满了巨大的压力。在这个竞争激烈的社会中，成就、成功和地位被视为衡量每个人价值的标准，这也加剧了人生承受的压力。而了解自己是否足够成功、足够有价值的唯一途径，就是与他人进行比较。每个人都深陷这个相互比较的人生游戏之中，相互比较已经变得仿佛呼吸一般自然。但这恰恰就是问题所在！事事攀比是有风险的，因为有时候我们会发现，其他人比我们做得更好，而如果我们相信，他人的成功是得益于他们本不应该拥有的一些优势时，愤恨情绪就自然而然地产生了。当愤恨如影随形、挥之不去时，它会支配我们的性格，使我们变得易怒、愤慨、暴躁和愤怒。你或你认识的人有过这样的经历吗？你是否将自己与他人进行比较，却发现他们似乎比你获得了更多的机会？

本章论述的主题是"愤恨"，让我们先从米娅的故事开始。米娅现在陷入了严重的愤恨情绪，它已经破坏了米娅最珍视的人际关系。看完米娅的故事，我们将深入探讨愤恨情绪的主要特征，这些特征使其成为一种难以控制的情绪。随后，我们将利用本章提供的评估工具，确定愤恨是否导致了你的情绪问题。最后，我们将介绍两种策略，它们能够帮助你缓解持续性愤恨情绪带来的压力。一个策略是感恩，另一个策略是宽恕。当你遭遇了不公平的对待时，想要做到感恩或宽恕看起来都很难，但你要相信，它们对克服愤恨情绪的负面影响至关重要。

● **米娅的故事：充满愤恨的内心**

米娅是一名注册会计师，育有两个还没到上学年纪的孩子，因此她的生活非常充实，对她的要求也很高。米娅的丈夫安德鲁是一个投资顾问，两人已经结婚15年了，尽管婚姻非常稳定，但由于日常生活的压力和摩擦，夫妻关系有点僵化。夫妻俩基本实现了经济自由，拥有几个亲密的朋友，身体也都很健康。但是这么多年过来之后，米娅从一个相对快乐、随遇而安的大学生，变成了一个严肃、阴郁和愤世嫉俗的中年人。她经常感到焦点不安，意识到自己在职场上和家庭里都变得更加暴躁易怒。情绪的频繁失控令她感到羞愧，并且非常担心自己糟糕的自控力。米娅怀疑自己陷入了抑郁，但其他人只看到一个暴躁易怒的中年女人。

在工作中，米娅经常抱怨她受到了不公平的待遇，抱怨她被亲密的朋友冷落，或者抱怨丈夫安德鲁将她为家庭的付出视为理所当然。看起来她的同事们都得到了好处，而她却被忽视了。她未能获得晋升，却将此归咎于自己各方面的条件不符合所谓的"正确"人选标准。更糟糕的是，她年迈的父母越来越依赖她的照顾，但仍然偏爱她的妹妹。即使是她最爱的亲生孩子们，也成为苦恼的来源。孩子的衣食住行、大事小事都压在她肩膀上，安德鲁只需要做一个带孩子玩耍的有趣爸爸就行了。这就导致孩子们明显更喜欢不管事的爸爸，而不是唠唠叨叨的妈妈。无论是在工作上，还是家庭里，或是邻里关系的互动中，米娅只能看到自己遭受的不公平和不公正待遇。

米娅这么些年以来，看起来错误的行为背后，都有着愤恨情绪的阴影。

许多年前，作为家里不受宠的孩子，米娅开始愤恨自己的亲妹妹。这些人生早期的经验奠定了米娅的消极人生观,即人生充满了不平等和不公平,因此你必须要"万事为自己谋划"。成为母亲、职业女性和妻子,为米娅提供了更多感到愤恨的机会。愤恨支配了她的人生观与人际互动。这导致她在职场上与人的互动充满了紧张和激烈的冲突,在家庭生活中她也变得紧张兮兮,充满压力。在别人眼中,她很难相处、易动怒、神经质。她的生活中总有一些冲突或戏剧性事件发生。但最重要的是,愤恨给她个人造成了相当大的困扰。米娅变得越来越焦虑和沮丧,但她不知道为什么会这样。从表面上看,米娅的生活很成功,但她的内心感到沮丧、受伤和不安。为什么她不能更快乐、更满意、更满足、更平静呢?对米娅来说,提高生活满意度的障碍是愤恨。

从充满愤恨变成愤世嫉俗的人

愤恨是指我们认为有人获得了不应有的好处,因此对他们产生的不满、恼怒甚至愤怒的感觉,这种感觉使我们感觉受到伤害、损害或被剥夺。它与羞耻一样,被认为是一种道德情绪,因为它与我们认为正确与错误的问题,或者本应发生或应该发生的事情有关。愤恨主要针对我们在他人身上看到的行为和特征。当愤恨情绪占据上风时,我们会过于关注他人的错误或不公平,以至于看不到自己思想上的扭曲,因此愤恨情绪会带来负面影响也不足为奇。持续的愤恨情绪往往会导致愤怒、嫉妒和幸灾乐祸(以他人的不幸为乐)。

在感到愤恨的当下,它会给我们带来一种虚假的力量感,因为我们相信自己正在为正义和公正挺身而出,我们相信自己是明智的、持理性质疑态度的,以此确保自己不会成为这个世界不公正的牺牲品。

这就是愤恨会成为一种看待他人的思维方式的原因之一。当这种愤世嫉俗的态度出现时，我们就会陷入愤恨思维模式的怪圈。

米娅所在的公司在聘用米娅时的情况，大大地刺激了米娅的愤恨情绪。当时，还有其他几位会计师跟米娅一起被招进公司。自然而然地，米娅与这些会计师之间的竞争非常激烈，米娅越来越关注高级会计师和公司的合伙人如何对待她的几个竞争对手。她开始在心里默默记下他们得到的福利和好处，似乎远远多于她得到的任何好处。起初，这些差别待遇让米娅更积极地投入工作，也更努力地展示自己的能力。但米娅对这些会计同人的愤恨与日俱增，她越来越确信他们得到了优待。在她看来，他们不配拥有这么好的待遇。自己没有得到公司认可或重视的想法，越来越频繁地出现，也变得越来越强烈，越来越无法控制。当其中一位会计师（苏珊）获得了晋升，但在米娅看来，这是自己应得的晋升时，这一切变得几乎无法忍受。这种扭曲的愤恨情绪，不仅导致米娅工作态度的扭曲，还蔓延到她的家庭生活中。米娅花了太多时间反复思考办公室里的不公平现象，这使她变成了一个充满愤恨的人，一个嫉妒、愤怒和愤恨的女人，这让她觉得自己面目可憎。

像米娅一样，愤恨可能已经悄然进入你的生活，你可能根本不知道自己怎么就走到了这个地步。也许回想以前，你发现自己当时对生活和他人的命运抱有更积极、更包容的态度。但在这些年里，你经历了不公平的待遇，所以现在的愤恨已经严重地影响了你的生活满意度和情绪健康。在更有效地处理愤恨情绪之前，你需要更好地了解它的主要特征。

第八章 走出愤恨情绪

- **存在一个期望获得的结果**。愤恨始于我们渴望得到的机会或结果，它必须是一个对我们的自我价值非常重要的结果。它可以是实实在在的东西，比如工作晋升、购买梦想中的房子、享受奢华的假期等。又或者，你期望得到的结果可能不是那么具体，比如得到重要的人的认可和接受，得到有影响力的人的认可，受到人们的喜爱和欢迎，或者被认为是一个有影响力的成功人士。米娅非常渴望事业成功，因为这让她感觉自己是一个有价值的人。

- **不喜欢的人得到了你想要的结果**。当我们不喜欢的人取得我们想要的结果或成功时，我们的愤恨会比看到我们喜欢的人获得成功更强烈。如果我们喜欢的人取得了成功，我们更有可能认为他或她理应获得成功。如果我们不喜欢这个人，我们就可能认为他或她的成功是不应该的或不公平的。米娅不喜欢苏珊，苏珊跟米娅的年龄和工作经历都差不多，正好也是她的同行竞争对手。每当苏珊得到认可时，米娅就会产生愤恨的情绪。她和蕾切尔相处得更好，虽然蕾切尔晋升得更快，但这并没有让米娅感到不满。你不喜欢的人是谁？当这些人取得成功时，你的愤恨情绪是否更加强烈？

- **认定他人的成功并非实至名归**。当我们认为不喜欢的人不应该获得成功时，愤恨就会更加强烈。我们可以争辩说，他们获得优势或理想结果是不对或不公平的，但我们对公平的判断非常主观，很少有客观的标准，因此很多人可能不同意你的观点，即你认为这个人不应该取得成功。认为某人不应得的判断，不仅会引起愤恨情绪，还会导致更极端的幸灾乐祸。

213

我们都不愿意承认自己以他人的不幸为乐，但当我们一味地评判他人的成功是否实至名归时，随之而来的愤恨情绪就会导致这个极端的结果。

米娅不认为她的妹妹值得父母的赞美和崇拜，因为她远在美国的另一边，不能帮助父母料理日常事务。很多人在成长的过程中意识到，父母的爱和赞赏是无条件的，不管你有没有为他们做很多事情。因此，米娅的父母并不会认同米娅的观点，即她的妹妹不值得被父母如此宠爱。你是否经常觉得人们获得的成功或好处超出了他们应得的范围？你是否经常从公平、公正和理应发生的事情的角度来判断情况？如果是这样，你可能更容易产生愤恨情绪。

- **可控性**。如果一个人获得了超出人力控制范围的理想结果，例如中了彩票，我们不会感到愤恨。我们可能会感到嫉妒，但不会感到愤恨或愤怒。只有当我们认为事情是在某人的控制之下发生时，才会产生这些情绪。当苏珊获得升职时，米娅才会感到不满，因为她认为升职是人为可控的，因为高级合伙人本可以做出不同的决定，选择她而不是苏珊。

- **不公平**。如果我们认为自己受到了不公平的待遇，愤恨情绪就会特别强烈。如果这种情况反复发生，我们就会开始将自己视为受害者。同样，是否公平是一种主观的个人判断，其他人可能并不认同你的观点。因此，要确定自己是否受到了歧视或不公正的待遇，可能很困难。歧视、偏见和不公正在我们的社会中如此司空见惯，因此简单粗暴地下结论，认为自己从未受到不公正的对待，也是错误的。但是，判断不公平是一种个人的主观感觉，还是真正发生的事实，并不简单。我们可能需要某种外部标准，例如确定你所受到的待遇是否符合公司的招聘和晋升政策及程序。在其他情况下，可能需要通过司法程序来认定你是否受到了不公平的待遇。不幸的是，在遭遇可能存在不公的事件时，我们往往无法向外部求助，因此只能依靠自己的思维方式，而如果我们觉得不公平的待遇的确存在时，愤恨情绪往往随之而来。

- **反刍思维**。有了前面的种种铺垫，愤恨情绪的种子已经被播下，但是，真正推动整个过程朝着不健康的愤恨情绪发展的，是反刍思维的存在。反复思考对方获得了你想要的优势或成功，对方如何不配获得成功，以及在整个过程中你受到了多么不公平的待遇，这些都会让你一次又一次地回到愤恨中。最终，你对这些事件的过度专注，会蒙蔽你的视野，影响你的正常社会交往。你将成为一个易怒的人，愤恨将成为你的主导情绪。你会对不公正和不公平现象变得更敏感，倾向于认为大多数人都不配拥有他们所得的成功。你可能会变得不自信、愤世嫉俗、爱争论和爱抱怨。你从未想过要变成这样，但你变成了一个愤世嫉俗的人，这一切都源于你对生活不公，以及你如何比别人更有资格获得成功，实际上却没有的反刍思维。

图8.1总结了通向愤恨的途径的主要特征。你会注意到，反刍思维是导致这些过程最终演变成愤恨情绪的主要原因。

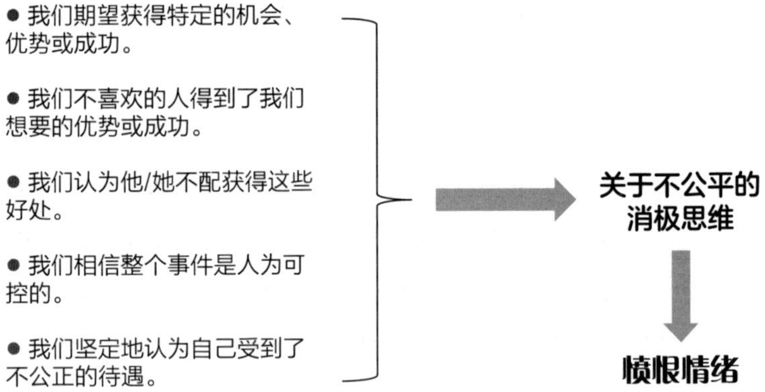

- 我们期望获得特定的机会、优势或成功。
- 我们不喜欢的人得到了我们想要的优势或成功。
- 我们认为他/她不配获得这些好处。
- 我们相信整个事件是人为可控的。
- 我们坚定地认为自己受到了不公正的待遇。

→ **关于不公平的消极思维**

↓

愤恨情绪

图8.1 持续性愤恨情绪的演化过程

愤恨情绪的评估

我们会更容易看到他人身上的愤恨情绪，而非发现自身的愤恨。因此，通常在我们发现自身的愤恨情绪之前，其他人已经看到了。愤恨是一种我们不愿承认的负面情绪，因此我们倾向于淡化其严重性。如果没有家人、好友或同事的帮助，我们很少能发现自己身上的愤恨情绪。这使愤恨情绪的自我评估，比本书前面章节论述的其他情绪更加困难。下面这个练习列出了几个关键问题，可以帮助你确定愤恨情绪是否导致了你的痛苦。

---------- 练习：愤恨经历叙述 ----------

下面这些问题将引导你关于愤恨经历的叙述，请在空白处写下你的答案。

1. 你是否因为受到不公平的待遇而未能获得重要的优势、机会或成功？如果是，请简要描述这段经历。

（1）_____
（2）_____
（3）_____

2. 你认识的人是否取代你获得了你想要的结果？你认为这个人应该获得这些成功或机会吗？简要解释为什么他不应得。

（1）_____
（2）_____
（3）_____

3. 这个不应该获得成功的人，是否令你感到受伤、恼怒或不舒服？你是否试图回避这个人？面对这个人时，你是否会过于敏感或易怒？如果是，请简要地描述你与他最近的一些互动经历。

（1）_____
（2）_____
（3）_____

如果你有过前面问题描述的相关经历，那么就具备了产生愤恨情绪的条件。从你期望获得的结果、公平和他人不应得的角度来考虑这些经历，就会导致愤恨情绪的产生。另外，如果你认为这些问题与你无关，那么愤恨情绪不太可能成为导致你情绪问题的原因。

遭遇过可能产生愤恨情绪的相关经历是一回事，真正地感到满心愤恨又是另一回事。下面这个练习提供了一个核对清单，帮助你评估愤恨是否已经成为一个严重的个人问题。表中的陈述，旨在评估你对愤恨相关的情境、想法和感受如何反应。

练习：愤恨反应核查清单

下表内的各项陈述，旨在评估你对愤恨和愤怒有关的想法、感受和经历。评估分为三个不同的等级，请勾选每项陈述对你的适用程度。

陈述	0 不适用于我的情况	1 有点适用于我的情况	2 非常适用于我的情况
1. 我比其他人更容易看到身边世界里的不公正和不公平。			
2. 我很好胜，经常拿自己与他人比较。			
3. 我很容易从"对人不对事"的角度看问题。			
4. 我有强烈的是非观，总是明确地判断在我们对他人的行为和决定中应该或应当发生什么。			
5. 我非常渴望获得成功，以实现个人的目标和愿望。			
6. 我坚定地认为，相较于我认识的人，我受到更不公平的待遇。			
7. 我注意到那些成功的人，往往是不值得的，或者得到了他们不应该得到的好处。			
8. 我经常认为自己没有得到生命中重要人物的赏识或重视。			
9. 我经常为别人得到比我更多的好处而感到恼怒和生气。			
10. 我发现自己很难为他人的成功而高兴。			
11. 我会反复思考别人得到的好处，并认为我应该获得比他/她更多的好处。			

续表

陈述	0 不适用于我的情况	1 有点适用于我的情况	2 非常适用于我的情况
12. 我经常会幻想,如果决定有所不同,我或许能够比另一个人获得更大的成功。			
13. 我承认,在我不喜欢的人失败时,我曾为此感到高兴。			
14. 我的世界观比较愤世嫉俗;我认为人们都是自私和无情的。			
15. 我经常抱怨别人对我不好。			
16. 人们可能会觉得我"易怒",像刺猬一样充满防御性。			
17. 我经常想到自己被欺骗而失去机会或成功。			
18. 在我的生活中有一些成功人士,我不喜欢他们,但我最终还是会拿自己与他们比较。			

如果你在9个以上的陈述中勾选了1或2的等级,那么你可能正陷入与愤恨情绪的斗争。请注意,这张核对清单表仅服务于本书的内容,是本书开发的新评估工具,因此其准确性有待研究。与此同时,你可以用这张表来粗略衡量可能存在问题的愤恨情绪,及其对你和他人关系的影响。如果你只勾选了少数几项陈述,那么你可能不需要处理愤恨情绪的问题。

米娅可以在"愤恨经历叙述"的练习中记录一些令她感到愤恨的经历,其中许多经历都与工作有关,她对自己停滞不前的职业生涯感到失望,坚信公司的高级合伙人不喜欢她,而偏爱苏珊。她能够如数家珍般回忆起自己的辛勤工作没有得到认可，以及在晋升或加薪时被不公平地忽视的遭遇。她深信苏珊在任何方面都不出众，因此不配得到所有的好处和关注。米娅认为，苏珊唯一的优点就是外向的性格、善于调情和善于操纵男人，这使她在高级男性合伙人面前拥有坚不可摧的优势。米娅对办公室里发生的事情想得越多，她就越对这些愚蠢的男人感到恼怒和生气，苏珊可以如此轻易地操纵他们。她试图尽量避开苏珊，却发现自己经常八卦办公室里发生的不公。米娅希望自己能更好地控制情绪，希望自己能把内心的真实感受藏在心里。但是，她内心的愤恨已经压抑不住地显露出来，这让她非常烦恼。

直面内心的愤恨

被视为一个愤世嫉俗的人是一种侮辱，因此大多数人都不愿意承认自己感到愤恨，选择性地无视其对生活造成的影响，也可以理解。我们很容易会意识到自己感觉愤怒、易怒和挫折承受能力低，但我们很难看到导致这些负面情绪的愤恨。如果你经常感到愤怒和烦躁，请思考一下你是否存在愤恨的问题。

也许在完成上面的评估练习之后，你得出的结论是，你的确存在愤恨情绪的问题。如果是这样，我要首先肯定和赞扬你的洞察力、诚实和愿意面对自己身上的不足之处等优点。要承认自己正在与愤恨情绪等丑恶的存在做斗争，的确需要勇气，但承认自己性格中消极的一面，是治愈愤恨情绪、恢复情绪健康最重要的一步。此外，这些评估练习还可能令你产生怀疑，不确定愤恨情绪是否就是导致你经常需要与消极、愤怒、嫉妒和妒忌做斗争的原因。在评估的过程中，不妨征求熟悉你的人的意见，前提是你要尊重并能接受他/她的意见，这将提供极大的帮助。请记住,在我们意识到自己的愤恨之前,别人就已经看到了它。

承认自己的内心存在愤恨情绪之后,你就可以开始尝试解决之法了。感恩和宽恕这两种方法,可以转变你应对愤恨的方式。但要有效地使用这两种方法,你首先需要正视愤恨,承认它已经成为你生活中的一个问题。

学会感恩

你可以将感恩视为愤恨情绪的反义词,这是一种心存感激的状态,表现为对他人给予的恩惠或好处怀抱感激之情。懂得感恩的人,往往相信自己的生活十分富足、懂得欣赏生活中简单的乐趣,并能够轻松地看到其他人是如何丰富了自己的生活。他们能够看到自己从他人那里得到了好处或积极的结果,并能表达对这种好处的感激之情。心存感恩能够提升幸福感和生活满意度,提振积极情绪,改善社会关系。

懂得感恩的人通常怀抱积极的生活态度,懂得欣赏生活之美,这是愤世嫉俗的消极态度的反面,二者截然不同的对比主要体现在两种状态的不同特征之中(如下表所示)。

愤恨	感恩
● 聚焦他人带来的不公平、不公正和虐待	● 关注他人给予自己的有利或有益的待遇
● 认为他人比自己获得了更多不应得的利益	● 认为他人对自己持友善和仁慈的态度

续表

愤恨	感恩
● 嫉妒他人获得的好处并为此感到痛苦；将他人的收获视为自己的损失	● 为他人获得成功感到高兴；感激他人对自己得益的贡献
● 强化对自我的关注和权利意识	● 更强的同情心和谦逊意识
● 消极、多疑、吹毛求疵的世界观	● 积极、接纳、包容的世界观

愤恨是一种消极的情绪，会导致情绪问题的加剧，而感恩则能够提升积极的情绪和幸福感。因此，感恩将是减少愤恨情绪的最有力策略之一。然而，从感到愤恨到学会感恩的转变，是一个巨大的挑战，因为学会感恩需要坚定的决心和坚持不懈的努力。但好消息是，通过使用感恩干预措施，人们可以学会感恩，收获更大的幸福感。在你遭遇反刍思维型的愤恨情绪时，下面涉及的方法能够帮助你有效地表达感恩之情。

练习：评估愤恨情绪

要消除愤恨情绪，首先要重新评估自己的愤恨经历。回顾你在"愤恨经历叙述"中写下的内容，回答下面三个问题，以你回想得最多的愤恨经历为主要分析对象。如果你有几段不可忽视的愤恨经历，请额外用一张白纸，从每段经历的角度，回答下面的三个问题。

1. 请写出理解愤恨经历的另一种可能的角度。想象一个观察者看到了发生在你身上的事情。该观察者如何得出结论：你没有受到不公平的待遇，或者你愤恨的人获得的成功确实是他们应得的？

第八章 走出愤恨情绪

2. 你是否为愤恨情绪付出了很大的代价？请列出它对你、你的人际关系以及你过上富有成效和令人满意的生活的能力所产生的负面影响。

（1）	（4）
（2）	（5）
（3）	（6）

3. 如果一切皆有可能，你怎样才能纠正这种情况，使你得到公平的待遇，而你愤恨的人得到你认为他们应得的待遇？

你是否能够完成练习，并以不同的方式看待你的愤恨经历？第一个问题要求你从不同的角度来分析自己遭遇的愤恨经历。第二个问题要求你列出愤恨情绪导致的所有负面影响。最后一个问题要求你从实事求是的角度想一想，你是否现在仍可以对这段愤恨情绪做些什么。从你的回答中，你是否能够意识到愤恨是无用的？你现在是否愿意放弃愤恨这种对失望、失落和失败的不健康反应？如果你无法独立回答这些问题，请寻求朋友、伴侣或专业心理治疗师的帮助。因为你可能被愤恨的观点困住了，没办法在没有外界帮助的情况下从不同的角度看问题。

米娅经常因为亲密朋友们的行为而感到恼怒,她怀疑她们更喜欢彼此,所以总是忽略她的利益。每次聚会,她总是最后一个得到通知和邀请的人,这让她感到十分不满。在回答第一个问题时,米娅意识到观察者可能会得出的结论是:米娅过于敏感。因为观察者可能会回忆起很多次类似的情况:米娅得到朋友的邀请去参加社交活动,而其他的朋友却没有得到邀请。关于米娅总是怀疑自己到最后一刻才被邀请的原因,观察者可能给出的解释是:米娅的工作比其他女性朋友更繁重,因此她们知道米娅的时间更有限。与其将其视为一种不公平的对待,不如说米娅的朋友们为米娅考虑的程度和公平对待她的意识超乎了米娅的想象。

在回答第二个问题时,米娅可以列出她对朋友的愤恨导致的许多负面影响,例如:(1)对朋友更加暴躁和挑剔;(2)削弱了朋友对她的接纳和与她相处的愿望;(3)降低了她对他人的社交吸引力;(4)缩小了她的朋友圈,导致孤独感的增强;(5)降低了她的价值感。米娅从这份清单中可以看出,她为自己对友谊的愤恨付出了沉重的代价。

米娅可能很难回答第三个问题,但她最终会意识到,她无法强迫朋友们用不同的方式与她相处。相反,她需要主动邀请朋友们来参加社交活动。此外,多年的朋友关系意味着她受到朋友的爱戴和重视,也意味着更大的好处。只要朋友们没有明确而直接地告诉米娅,她是一个不受欢迎的人,那么米娅就可以一直这样想。因此,米娅应该放弃对朋友们的愤恨,以更积极、更感恩的态度来治愈愤恨了。

分析和总结愤恨情绪的成因和后果,是摆脱愤恨的第一步。你必须相信,愤恨是有害的情绪,那些看似不公平的经历也可以从不同的角度来看待。你需要相信,你对过去发生的事情无能为力,因此应该学会向前看。如果你能够接受"事已至此"的格言,那么你就准备好了治疗过程的下一步:学会感恩的艺术。

练习:感恩日记

在感恩日记中写下你的积极经历,是学会感恩的关键要素。在日记中记录的积极或理想的结果越多越好,不管是微不足道的好事,还是对人生意义重大的大事,甚至那些改变人生轨迹的巨变,都应该是记录的对象。接下来,标注出使这些好事发生的关键人物或环境。你可能需要使用很多张表格,因为感恩日记的记录可能需要保存很长时间。

日期	你获得的美好经历、积极成果、好处或优势	推动美好结果出现的关键人物和环境
周日		
周一		
周二		
周三		

续表

日期	你获得的美好经历、积极成果、好处或优势	推动美好结果出现的关键人物和环境
周四		
周五		
周六		

你是否能够每天至少记录一次值得感恩的积极经历？你要相信，每天都有很多事情可以添加到你的"感恩日记"中，但你可能会因为过度专注于愤恨等消极情绪而错过它们的存在。如果你多年来一直生活在愤恨中，那么现在你可能需要先完成大量练习，才能将注意力转移到积极的经历上。你可能需要坚持写好几周的感恩日记，才能体验到态度的转变。如果你很难发现日常生活的美好之处，可能需要朋友、伴侣或专业心理治疗师的帮助，引导你关注生活中的积极事件。

为了达到最佳效果，感恩日记应成为你每天进行的心理健康锻炼。尝试将感恩日记变成一种习惯，就好像每天的身体锻炼那样。就像你知道，偶尔去一次健身房并不会带来健康的体魄那样，偶尔的一次感恩日记也不会带来情绪的健康。你需要长期坚持每天写日记，一旦写感恩日记成为一种习惯，你会发现它可以对愤恨产生强大的影响。这是因为你正在从愤恨的消极态度转向感恩的积极态度，而感恩的积极态度能够显著地提升个人的幸福和快乐感。

你还可以做一件事来增强感恩的力量：练习向你在"感恩日记"

中记录的推动美好事物发生的关键人物表达你的感激之情。没有什么比用行动来支持感恩更有助于建立感恩的心态了，告诉别人你有多感激他们对你的善意，这将大大地增强你的感恩之心。

学会宽恕

你是否觉得感恩已经很难实践？现在，我们来看一个对那些心怀愤恨的人而言更难做到的概念：宽恕。宽恕和仁慈是许多宗教信仰的基础，但有新的科学证据表明，宽恕那些不公平地对待你的人、那些牺牲你的利益而获得恩惠和好处的人，是消除愤恨、恢复情绪健康的有力方法。宽恕并不适合缺乏勇气的人，因为这是一个漫长、艰难和充满挑战的过程，可能需要坚持数月甚至数年的时间。因为没有人可以做到一夜之间宽恕自己无比憎恨的人，并立即转变对待对方的态度。但你可以现在就采取一些步骤，逐步地朝着宽恕他人的最终目标前进。

练习：写给触发愤恨者的信

当有人不公正地对待你时，你自然会感到受伤。学会宽恕的过程，将从下面这个练习开始，其目标是通过发挥想象力，帮助你走出伤痛的情绪。请你着手准备写一封长度为10到15行的信，在信中你要开诚布公地想象，告诉被你憎恨的人，他们的错误行为或对你的不公平待遇，对你造成了多大的伤害。用现在时来写这封信，以表明此时此刻的你仍然感到受伤害。写完这封描述受到的伤害的信后，每周安排几次练习时间，每次20分钟，想象以坚定的信念和饱满的情感，向伤害了你的人朗读这封信（写给触发愤恨者的信仅供个人使用。除非在治疗师的指导下，否则不建议你直接把信拿给导致你感到受伤的人看）。每次想象阅读这封信时，你都可以对其进行修改或补充。你的这封信应包含以下要点：

- 描述对方如何伤害了你。
- 伤害的强度和持续时间。
- 他们的错误行为或不公平对你的生活和情感健康造成的负面影响。
- 为什么你不应该受到这种不公平待遇。
- 为什么你认为他们这些施加了伤害的人不应该获得成功或利益。
- 他们可以做些什么来纠正错误的行为。

请在下面的空白处写下信件的内容，如果你需要更多空间，请使用其他空白纸张。

_____

_____

_____

_____

你能写出你感受到的伤痛吗？在反复想象朗读信件之后，你是否注意到自己的伤痛发生了变化？通常，反复地面对某种情绪，即使是在想象中，这种情绪的强度也会降低。此外，你可能对自己的伤害有了新的发现。也许你已经得出结论，你感受到的伤害是一种过度反应，或者关于对方已经实施的错误行为，你无能为力，因为这一切都已经过去了。也许你能够感到，通过撰写和朗读写给触发愤恨者的信，你渐渐地能够学会放下愤恨和感到受伤的情绪。

如果你在这个练习中遇到困难，可以参考米娅写给苏珊的信，因为苏珊似乎在工作中得到了所有的福利和好处。

苏珊，你傲慢自大的态度在很多方面深深地伤害了我。我们几乎同时进入这家公司开始工作，但从一开始我就知道你看不起我。你曾多次在高级合伙人面前批评我或让我难堪[此处可列举具体事例]。我试着对你友好，但你无动于衷。为了从高级合伙人那里得到好处和晋升，你玩弄手段、与他们调情。我明明比你更努力工作，但这一点从未得到他们的认可，因为你在他们眼中总是更耀眼。多年来，我在工作时总是感觉心神不宁、灰心丧气，感觉自己的价值被贬低了。这让我怀疑自己的能力，怀疑自己是否能在事业上有所成就。这还影响了我的家庭生活，在家里，我变得易怒、紧张和不耐烦。我知道你并不比我聪明，也不是一个好会计，但你知道如何得到你想要的东西，并摧毁任何阻碍你得到这些东西的人。我不应该被这样推到一边。我希望你不要再这么自私、无情，要学会尊重我，给我尊严。

面对自己遭受的伤害，可能是整个宽恕过程中最容易做到的事情。下一步则更为困难，为了宽恕对方，你可能需要从触发愤恨者的角度看问题。当我们能够做到这一点时，或许能够更好地从对方的角度表达对自己的理解、怜悯和同情。请通过下面这个练习，改变你对触发愤恨者的看法。

练习：超越自身的情绪

当我们感到愤怒、受伤或愤恨时，我们很容易困在自己对某种情况的看法上。超越自身的情绪是指超越自己当前的观点，尝试从伤害我们的人的角度看问题。这就意味着你作为一个一直被他人伤害的人，要尝试站在施加伤害者的角度看问题。这要求态度层面一百八十度的大转变，你当然拥有感到愤怒或受伤的道德权利，但要做到宽恕，你要主动选择放弃这种权利。要取得这种超越性的理解，就要完成下面两步骤的练习。

步骤1：从施加伤害者的角度，写下你所经历的三次重大错误行为或不公平待遇的详细叙述（可以回顾"愤恨经历叙述"练习的内容）。准确描述所发生的事情、当时的情况、谁在场、你是如何回应的，以及你的感受。

事件#1：_____

事件#2：_____

事件#3：_____

步骤2：在每一个事件的描述中，想象你是那个施加了不公平待遇的人。运用你的想象力，使自己成为那个施加了伤害的人。下面这些问题将帮助你完成这个想象中的身份转换。

- 是什么导致施加伤害者对你采取这种行为？
- 这种不公平的待遇，是有意伤害你，还是无意间的伤害？
- 施加伤害者是如何看待你？你为什么会成为他/她想要解决的问题？
- 施加伤害者是否意识到其行为的负面影响？
- 施加伤害者是否遭遇了个人问题或困难的生活环境，从而导

第八章 走出愤恨情绪

致其对你施加了不公平待遇？

现在，请从一个更加理解、仁慈和同情的角度，以施加伤害者的口吻，描述整个不公平事件的过程。

对事件#1的超越性看法：_____

_____

对事件#2的超越性看法：_____

_____

对事件#3的超越性看法：_____

_____

在你能够从施加伤害者的角度（超越的视角）写下每件事情的描述后，每周练习几次，将自己想象成每件事情中施加伤害的人。随着时间的推移，你会发现自己对他/她的态度逐渐发生转变。这一练习将帮助你对施加伤害者采取更加宽容的态度。同样重要的是，如果当前有不同的经历能够强化你对施加伤害者的同情和宽容，也请将它们记录下来。通过练习，你是否发现，你痛恨的这个人并不像你想象中的那么坏？

米娅对苏珊的愤怒和愤恨越来越深，以至于她在苏珊身上看不到任何可取之处。但是，当她开始从苏珊的角度来理解这些事件时，她能感觉到自己对苏珊，这个理应得到的好处比自己得到的少得多的人的态度，变得柔和了。米娅意识到，苏珊进入这个行业的时间较晚，她正试图弥补失去的时间。苏珊与一直家暴她的丈夫分居了，现在是一个单亲妈妈，要独自抚养两个孩子。这些生活的苦难，使她变得更加自立、好胜和不信任他人。苏珊决心不让任何人占自己的便宜，她可能认为米娅是她获得事业成功的威胁。尽管苏珊对米娅的粗鲁和不公平待遇是不合理的，但当米娅能够从苏珊的角度考虑问题时，她能够更加宽容苏珊的态度和行为。

要体验宽恕的治愈效果，仅仅转变自己对施加伤害者的态度和看法是不够的，改变自己的行为也很重要。毫无疑问，愤恨和痛苦可能会使你忽视、轻视、批评、争论，甚至与伤害你的人发生肢体冲突。因此，宽恕过程中的最后一个练习，将评估你如何以更仁慈、更怜悯、更慈悲的方式对待伤害你的人。

练习：如何仁慈地对待施害者

下面表格中列出了消极的人际交往行为的描述，请勾选符合你与伤害你的人的互动方式的行为。

□ 无视	□ 八卦	□ 因对方的损失、失败、挫折而感到高兴
□ 争吵	□ 打断	□ 试图使对方难堪、贬低对方
□ 批评	□ 提高嗓门、大喊大叫	□ 不诚实、欺骗
□ 寻求报复	□ 表达反对	□ 贬低对方
□ 躲避对方	□ 小看对方	□ 表现得好斗
□ 避免与对方对视	□ 喋喋不休地抱怨	□ 苛求对方

接下来，回顾你在上表勾选的描述，并思考你可以如何采取不同的行动。怎样才能更体贴、更有同情心、更仁慈地对待施加伤害者？

尽管你依然认为对方不应该获得更好的待遇，但你怎样才能表现得好像你已经宽恕了他那样对待他？你怎样才能表达怜悯，也就是对冒犯你的人表示同情？怜悯始于以更积极、尊重和肯定的方式对待施加伤害者。列出四到五种你可以表达积极互动的方式，这些方式应该与你勾选的方式恰好相反。

积极互动#1：＿＿＿＿＿＿＿＿＿＿＿＿＿＿＿＿＿＿＿＿＿＿

积极互动#2：＿＿＿＿＿＿＿＿＿＿＿＿＿＿＿＿＿＿＿＿＿＿

积极互动#3：＿＿＿＿＿＿＿＿＿＿＿＿＿＿＿＿＿＿＿＿＿＿

积极互动#4：＿＿＿＿＿＿＿＿＿＿＿＿＿＿＿＿＿＿＿＿＿＿

积极互动#5：＿＿＿＿＿＿＿＿＿＿＿＿＿＿＿＿＿＿＿＿＿＿

本练习的最后一步是与施加伤害者进行这些积极的互动，并尽可能地在你与施加伤害者的互动中表现出你宽容的态度。这需要极大的努力和决心，尤其是当你试图纠正多年以来彼此之间的消极互动时。如果你能将自己的积极互动写成日记，你会发现这将对你大有裨益。这是一个很好的方式，能够激励自己，并鼓励你尝试改变你的行为。

宽恕是一个需要时间的过程，必须按照自己的节奏进行。与感恩一样，宽恕也需要转变态度和人生观。愤恨、愤怒和愤懑的态度，往往令你专注于自身的损失、遭遇的不公平，且往往最终导致报复心态或行为。这会对个人造成伤害，尤其是当你陷入对不公平待遇经历的持续负面思考中时。感恩和宽恕是有效的方法，可以让你摆脱愤恨的控制，帮助你重新聚焦自己珍视的价值和愿望。

本章小结

在本章中，你学到以下内容：

- 愤恨情绪会导致愤怒。当我们不断地认为自己受到了不公平的待遇，而那些不应得的人反而获得了利益，从而造成我们个人损失或伤害时，就会产生愤恨情绪。
- 愤恨是糟糕的生活环境和与他人的消极互动的产物。本章提供的愤恨经历和愤恨清单是有效的评估工具，用于确定你是否陷入了重复的愤恨想法和情绪中。
- 感恩训练是一种有效的方法，可以消除因持续思考不公平待遇经历而造成的情绪问题。
- 宽恕是消除愤恨最有效的方法。它要求我们更深入地了解触发愤恨者，并践行同情和怜悯。这是一个包含了多个练习步骤的过程，需要时间、努力和承诺。但是，宽恕是一生的追求，永远不可能彻底实现，但首先做出宽恕的承诺，可能是摆脱愤恨的最关键一步。

结　语

祝贺你终于抵达了本次心理疗愈之旅的终点。有时候，我们会觉得这是一场漫长的马拉松，或者是在健身房里一次艰难的长时间锻炼。本书各章节论述的主题，忧虑、反刍、悔恨、羞耻、羞辱和愤恨等负面情绪，都是顽固的、令人痛苦的心理状态，会对日常生活产生深远的影响。人类天生就有逃避令人不舒服的情绪的倾向，因此拿起这样一本充满了令人不安的想法和感受的练习册，首先就需要你具备洞察力、决心和勇气。如果你还成功地完成了本练习册设计的所有练习，我需要加倍赞扬你采取如此积极的方法来克服情绪问题的勇气与行动。你致力于从练习册中获得最大的益处，这就足以证明你兼具了行动的力量和智慧。

让我们花点时间，简要地回顾一下本书论述的一些主题。本书先从最基本的理念开始，即我们思考的方式会影响我们的感受；反刍思维是造成焦虑、抑郁、内疚、愤怒和羞耻等持续性情绪困扰的重要原因。反刍思维，是我们不想要的、重复的和无法控制的消极想法，解决它的最佳策略，就是脱离和超越。这些策略强调以更加被动、接纳的方式，对待不想要的重复思维，重新聚焦于当下，并放弃直接的心理控制。针对关于未来的负面情绪（忧虑）的脱离策略，侧重于解决问题和降低灾难性想象的严重程度；而针对关于过去的负面情绪（反刍）的策略，则强调目标重新定位，用"如何做"思维取代"为什么"的思维，以及行为重点的转移。对于悔恨情绪，摆脱的策略包括接受过去的失败已成定局，且永远无法改变的事实，并用一个能够实现个人核心价值的改变计划取而代之。同样，克服悔恨情绪的方法，还包括重新发现过去错误决定的原因等。羞耻和羞辱都属于道德情绪，最好的克服方法是对其负面影响的范围采取更有针对性、更符合现实的观点，并学会面对而不是回避其诱因。最后，感恩和宽恕是消除重复性消极想法和愤恨情绪的最有效策略。

对我们的负面情绪进行自救，需要超乎常规的理解、动力和毅力。当你读完这本练习册时，你已经向心灵的康复和完整迈出了重要的一步。我相信你已经学会了如何更有效地解决持续的负面情绪困扰，但你的工作还没有结束。读完这本练习册并完成其中的练习不过是一个开始，将其付诸实践才是最重要的。这是因为反刍思维是顽疾，它会继续破坏你的情绪和日常生活。你需要反复阅读相关章节的内容，因为许多策略都是需要练习辅助的技能，而你会遇到新的情况，需要对策略进行一些合理的调整，以提高其有效性。本书中提供的摆脱负面情绪的诸多策略，需要花时间才能掌握，而你用得越多，就越能纠正无益的反刍思维。相信你已经意识到，人生即使不是一场马拉松，也是一段漫长的旅程。一路上，我们都会遇到新的挑战和困难。我希望你在使用这本练习册的过程中，能够获得新的工具，来帮助处理你不想要的、令人苦恼的反刍思维和感受。

致　谢

撰写一本关于反刍思维方面的书，源于新先驱出版社的编辑温迪·米尔斯顿热情洋溢的约稿。我之前写过一本关于消极的侵入性想法的练习册，名为《焦虑思想练习册》。温迪指出，在情绪失调时，不想要的消极想法也会反复出现，就好像抑郁或焦虑的人对这种思维方式"上瘾"一样。这是一个令人信服的观察结果，进一步查阅研究文献后，我发现最近有一种跨越了不同领域的消极想法类别，叫作反刍思维。因此，我非常感谢温迪为我带来了这本练习册的创作灵感。但是，如果没有莱恩·伯雷西坚定不移的支持、鼓励和有益的建议，本书的编写也不可能顺利完成。莱恩·伯雷西是我在新先驱出版社的采购编辑，我非常感谢莱恩和克兰西·德雷克，他们不仅在沟通风格和手稿组织方面提供了宝贵的指导和建议，还帮助我指正了书稿存在的关键实质性问题。

本书介绍的信息和治疗策略，要专门感谢托马斯·埃林、苏珊·诺伦·侯克赛马、苏珊娜·西格斯托姆和爱德华·沃特金斯等几位著名心理学家的开创性研究。其他杰出的研究人员和临床医生也贡献了对重复性思维治疗至关重要的知识和治疗见解，其中包括亚伦·T.贝克、托马斯·博尔科维兹、迈克尔·道格斯、马丁·恩莱特、保罗·吉尔伯特、丹尼尔·魏格纳和艾德里安·威尔斯。我非常感谢认知行为疗法（CBT）的伟大先驱之一亚伦·T.贝克博士，我很荣幸能以导师、朋友和合著者的身份与他相识。他的思想贯穿于这本练习册的每一页内容。我的朋友和同事还包括朱迪·贝克、罗伯特·莱希、克里斯汀·珀顿、亚当·拉多姆斯基和约翰·瑞斯金德。但我尤其感谢我在诊疗过程中接诊的数百名患者，他们与我分享了他们与令人不安的反刍思维和感觉之间最私密的斗争，从中我学到了很多。我需要继续感谢我的出版经纪人鲍勃·迪福里奥的睿智建议，他慷慨地贡献了时间、知识和鼓励，以及专业知识和职业精神。

最后，我非常感谢陪伴了我四十年的伴侣南希·纳森·克拉克，以及我的女儿娜塔莎和克里斯蒂娜，感谢她们和她们的伴侣贾伦和肖恩一起，多年来忍受着我对文字的完美主义追求。